JN142062

絶望の林業

田中淳夫

新泉社

はじめに——騙されるメディアと熱い思い

時折、私のところにメディアから取材依頼、あるいは出演依頼が舞い込むことがある。テーマで増えたのは、林業を取り上げたいというものだ。

本来取材する側の私が取材を受けるのは妙な気分になるのだが、それ自体は歓迎である。マイナーな産業である林業に興味を抱いてくれるのは嬉しい。林業を通して日本の森林事情にも眼を向けてくれることを願っている。

その際に電話やメールなどで取材意図の説明があるのだが、そこで言われるのは「林業って、最近盛り上がってきていますよね？」。

そうかもしれない。

戦後植林された人工林は五〇年以上を経て太ってきたので伐り時を迎えている。国産材の生産（伐採）量も増えてきた。木材自給率は急上昇し、一時期一八％程度まで落ちたものが今や四〇％近くになり、目標の五〇％も見えてきた。使い道のなかった間伐材などが合板材料として活用されたり、バイオマス発電の燃料用にもと引っ張りだこ。また海外輸出が急増して輸出産業になりつつある。さらにCLT（直交集成板）やセルロースナノファイバーのような新しい木材の使い道も登場して、木材は引く手あまたの素材である。日本の山は宝の山になった。また田舎暮らしのライフスタイルが見直されて、山村の仕事として林業に参入する若者も増えた。女性でも林業をめざす人が増えて「林業女子」と呼ばれている。高性能林業機械が導入されて体力がなくてもできるようになったからだ……。

こうした事例を並べられる。なかなかよく勉強している。林業に関する最近の動きは事前に調べてきたようだ。そんな情報を元に、林業は産業として前途洋々……という記事にしたい、番組をつくりたいわけだろう。それに対して私のコメントが欲しいという。

そこで私が知る範囲の現状を話す。すると、肝心の出演依頼は消えてしまう。コメントとしても使われない。番組が描きたかった「宝の山」の絵が描けなくなるからだろう。それでも番組はつくられるのだが。前途洋々の日本林業を語ってくれるコメンテーターを、ほかに見つけたらしい。

ここで私はテレビ番組に出演できなかったとか、情報を提供したのにギャラが払われないと文句を言いたいのではない（少しは言いたい）。私と彼らの認識の差に暗澹（あんたん）とした気分に浸るのだ。

一方で、私のところに連絡してくる人々の中には、学生が結構いる。中学生や高校生もいたが、多くは大学で学ぶうちに林業に興味を持ったという若者だ。話が聞きたいという。誰でもメールで簡単に連絡を取れる時代だからだろう。こちらも歓迎だ。学生には可能な限り対応する心づもりで臨む。私も、若い頃に学者や著名人に手紙を送りつけていろいろお願いをした記憶があるから、今度は私がお返しする番である。

肝心の学生には、林業に直接つながる森林科学系の学部学科の学生もいれば、社会学系、環境学系、建築学系など林業と少し離れるが関係のある分野を学ぶ人もいる。彼らは森林や林業に興味を持って拙著を手にしたところ、私の描く林業の姿が一般に言われているのと違うと感じて、詳しく聞きたいと訪ねてくるのだ。不思議と女子学生が多い。

近隣の学生ばかりではなく、結構遠方からもやってくる。女子が夜行バスに乗って、泊まりはネットカフェという話を聞くと恐縮してしまう。もっとも私ばかりが語るのではなく、彼らの考えも話してもらう。なぜ林業に興味を持つのか。現状をどう考えるのか。こんな問題があるのだけど、どうしたら解決すると思う？　そして君は何をしたいのか、と。

そのうえで私が現実に林業現場で起きていることを具体的に紹介する（たいていは暗い話になってしまう）と、なんとかならないのか、と食いついてくる。彼らの熱心さ、彼女らの林業に対する思いになんと応えたらよいのだろうか……。

私は、このところ「絶望の林業」という言葉をよく使うようになった。日本の林業の抱える問題を一つ一つ確認していくと、前途洋々どころか絶望してしまうからだ。

日本の林業には多くの障害がある。私は、それらの問題点に対して、どうすれば解決するか、という視点でこれまで見てきた。しかし知れば知るほどさまざまな要因でがんじがらめになっており、最近は「何をやってもダメ」という気持ちが膨らみつつある。近年の林業界の動きは、私の思う改善方向とは真逆の道を選んでいると感じる。その方向は林業界だけでなく、将来の日本の森林や山村地域に致命的な打撃を与えるのではないか、という恐れを抱く。それが絶望へとつながるのだ。

そこで思いついた。現状を俯瞰(ふかん)して絶望するのなら、その絶望をしっかり記すべきではないか。そのうえで現在とは遊離した「希望の林業」を描けないか。私なりに理想の林業形態はある。それに近い事例もあるにはある。ただし時代を遡(さかのぼ)ったり外国だったり、あるいは数少ない林業家が強い意志を持って挑戦していたりする事例だ。

それらを取り上げて日本の林業も希望が持てる、と言うつもりは毛頭ない。例外的事象にすがるのは自己満足のごまかしにすぎない。しかし、目標となる「希望」を提示することで、そこまでの道筋を考える契機になるかもしれない。現状に改善を積み重ねる「フォアキャスト」手法が上手くいかずに絶望させられるのなら、到達したい目標から遡り、今すべき行動を考える「バックキャスト」の手法もあるのではないか。

そんな思いで執筆することにした。

第1部では、日本の林業界を取り巻く錯誤を総論的に描く。主にメディアや一般人の勘違いの指摘だ。第2部は各論として、林業現場の実態、林業の当事者たち、木材の用途、林政の問題点を指摘する。そして第3部は、私の考える「希望の林業」だ。第1部、第2部で林業界の現状を知ったうえで、第3部の可能性を考えていただきたい。

ちなみに事例を挙げて問題点を指摘すると、どうしても当事者たちを否定的に記してしまうが、もちろん全員にダメ出しするつもりはない。優れた当事者もいる。森に対して熱い思いと優れた技術を秘めた林業家もいる。私も彼らに会うと感動してしまう。だが、一部の篤林家の頑張りを紹介して「日本林業スゴイ」と唱えるつもりはない。残念ながら大半がそうでない点こそ問題なのだ。だから、あえて私の耳目に飛び込んできた問題のある人々や事象を取り上げる。当然、匿名とする。

また私は林業だけを論じるつもりはない。テーマとするのは森と人の関わりである。森林を語るうえで林業は重要な要素の一つだが、林業が今のままでは森林全体が不幸になる。

林業に期待する人が増えているのならば、勘違いで盛り上がるのではなく、現実と背景を知ったうえで応援することが望ましい。一度絶望しないと、その向こうにある光も見えないだろう。

目次

第2部 失望の林業 051

デザイン　三木俊一

第1部

絶望の林業

1 「林業の成長産業化」は机上の空論

このところ、国は「林業の成長産業化」という言葉を頻発している。

森林・林業白書を始め多くの林業政策の冒頭にこの言葉が登場し、「日本の森は宝の山」なのだから、少しの改革で一気に盛り上がる、日本経済の牽引者にもなると言わんばかりだ。実際、新たな林業政策が次々と打ち出されて「林政の大転換」と謳（うた）われる。

これまでの林業は衰退する一方だった。産業として時代遅れで、日本経済の足を引っ張る鬱陶しい存在だった。それを成長産業に変えられるなら素晴らしいことだ（図表1－1参照）。

だが私は、こうした言葉を使う政策立案者（と、メディア関係者）は「経済」「産業」が成長するとはどういうことだと考えているのか、と問いたい。何をもって産業が成長していると判断するのか、頭の中で反芻してから語ってもらいたい。

産業とは、資金と資源（労働を含む）を投入してモノやサービスを生産し、そこから利益を生み出すものだ。そして投資者や労働提供者に配分するが、それ以上の利益が出たら再び投資に回して次の生産につなげる。その結果、常に利益が増えていけば「成長」していると言えるだろう。投資者だけでなく雇用された人々や地域にも利益が循環する。その循環の輪が大きくなっていけば、産業は大きくなっていく。

そこで林業に問いたいのは、「林業経営で投資した以上の利益を生み出していますか。その利益が循環して事業は持続的に続けられますか」という点である。

現在、日本の林業で起きていることは、成

1-1｜素材供給量の増加と基本計画の計画量

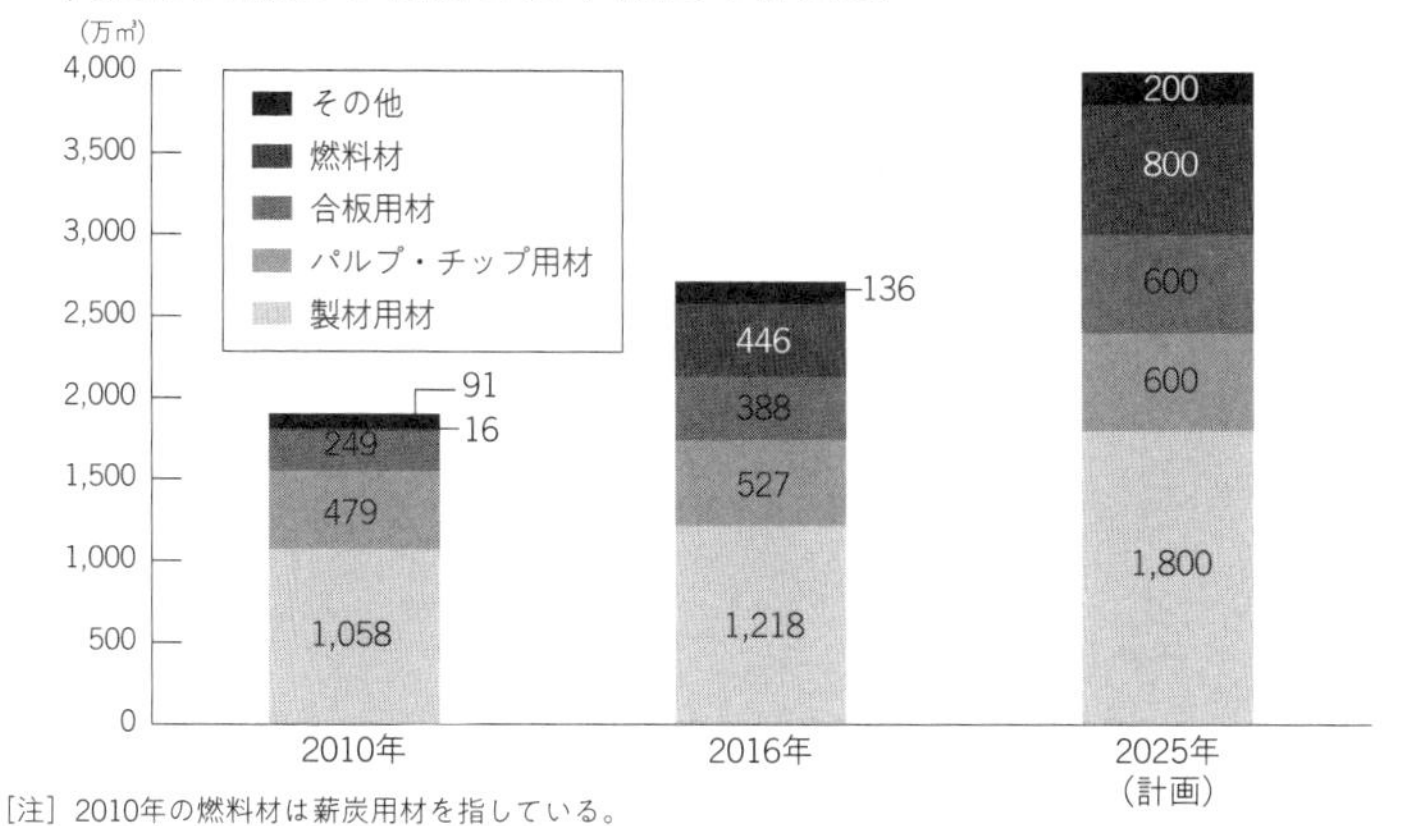

［注］2010年の燃料材は薪炭用材を指している。
資料…林野庁「木材需給表」、林野庁「森林・林業基本計画」 出典…平成29年度森林・林業白書
※木材生産量が急速に伸びている。今後も計画では増産計画が続く。用途では製材以外では、とくにバイオマス燃料が目立つ。

長とは正反対の現象である。

林業界に入る資金は、山主の拠出より国や自治体の補助金の形が多いのだが、ともあれ最初に資金を投入して苗を植える、世話して育てる、あるいは林道や作業道を開設し林業機械を購入する。そして育った木を収穫（伐採）し、販売する。ところがその利益は、苗や機械類の代金に加えて労働対価などのコスト分に達しない。次の事業資金はそこから捻出できないから、また補助金や別の事業で稼いだ資金を投入する……それが繰り返されている。

林地に投入された金額と、そこから得る利益をトータルで見たら確実に赤字だ。まるでブラックホールのように、資金は吸い込まれて社会に還元されることなく消えていく。

たしかに、外部からの資金（主に税金）がばらまかれている間は、賑わいも生まれる。山に人影が増えエンジン音も響く。だが資金が底をつくと、人は去り静かになる。樹木も伐採すればなくなり、はげ山が残される。

つまり、資金と資源が尽きたとき、その産業は息の根が止まる。

まるで消費者金融から借りた金銭を湯水のように使って、お金持ちのふりをするオジサンを「成長産業」と呼ぶようだ。金を出せば人々は集まり賑やかになるが、それが尽きたとき、再び借金を重ねなければ人も賑わいも続かない。それが現在の日本林業の姿だ。

こうした状況は、地域づくりでもよくあることだ。たとえば地域に賑わいをもたらすためと称して、人が多く集まるイベントを開催することがある。芸能人など有名人を呼んだり、食のブースをいっぱい出店させたり、スポーツ大会を開いたり……。そして何日間で何万人集まったから成功したと宣言する。売り上げは何千万円と謳い上げる。

が、収支決算を見れば赤字なのである。莫大な公的資金を投入したのに、経済効果はそれより小さかった。会場設営費や人件費、光熱費、ときに会場の警備や案内など経費がかかりすぎたからだ。しかも一過性。イベントが終わったら、もう人は集まらない。店も撤収。ボランティアで手伝った人々も疲れ果てる。むしろ自治体の財政を悪化させて、地域の衰退を加速させる。こんなイベントが「地域づくりの成功例」と言えるだろうか。

林業は売り上げが伸びても衰退する

企業経営でも、毎年の売上高は伸びているのに、突如として経営が破綻するケースを聞く。経理状況をチェックすれば、仕事はたくさんあったのに、純益がほとんど出ていない、いや赤字だった。大きな取引や事業を次々と行うので現場は忙しく動く。そして売り上げは伸びる。ところが仕事を取るために値下げしたため利益は少なくなる。その結果、現場は疲弊していくし、決算ごとに赤字が膨らむ。自転車操業という言葉も使われるが、ようは目先のキャッシュフローはあるものの、負債が溜まっていく構造である。

たとえば建設業界も流通業界も介護業界も保育業界も……仕事量はある。過労死するほどある。だが仕事は増えても利益が出なければ、働く人々は仕事に見合う待遇を与えられない。だから従業員は離職しがちだ。すると人手不足に陥る。それではサービスは落ち、働き手の消費も縮む。結果として経済の衰退を招く。

同じことが林業界で起きている。補助金で木材生産は拡大しているが、木材の使い道が十分にない。市場でだぶついて木材価格を下落させる。利益が薄くなるから、量で稼ごうと伐採量を増やす。しかし木材の使い道は増えず、また価格が落ちる……。伐れる木のある山は有限で、再造林には及び腰。働き手も減少の一途。山主や働き手も、費やした資金や労力に見合う見返りがあるとは言いがたいからだ。近い将来、伐れる木がなくなり林業継続の意欲が失われることで、その地域の林業は破綻するだろう。

一般の業界では、売り先もはっきりしないのに増産し続ける企業があれば、取引する金融機関などが警告するはずだ。しかし林業界にはその役割を果たす機関がない。なぜなら指導を担うべき行政が、率先して増産を推進し資金を提供しているからである。出した補助金の効果を検証することもない。いわば返済が滞っているのに融資する銀行、リターンのない出資をする投資家状態である。民間の銀行、投資家ならさっさと見放す経営状態でも、幸か不幸か国や自治体は林業界を見捨てない。涙ぐましく支援を続ける。

その姿勢の正否はともかく、少なくとも「林業の成長産業化」という言葉は、あまりにうさん臭い。補助金で林業を成長産業に脱皮させるという言い草は、机上の空論どころか机上の詐欺だ。また山村の財政も、自立するどころか、構造的に国の地方交付税や補助金への依存体質を強めている。ふいごを踏んで空気（税金）を送り込むと膨らむが、足を止めたらしぼむ。国もそろそろ足が疲れてきたように見える。今は最後の力で踏み込んで空気を送り込んでいるが、財政が悪化して踏めなくなったら林業終焉（しゅうえん）の始まりだ。

「補助金は受け取る側を依存症にする麻薬」とよく言われる。ただ、麻薬の売人は顧客を依存体質にして儲けるが、補助金は出す方も疲弊する。最後は共倒れだ。

林業経営の健全化が進まなければ、林業の背景にある山村・森林地域の活性化や地域住民の暮らしの維持、そして防災、環境などの目的さえ達成できなくなるだろう。

そのとき山に木がなくなり、村に人がいなくなる。政府の言う林業が〝成長〟したその先には、何が待っているだろうか。

2 木あまり時代が生んだ木づかい運動

国が盛んに進めている「木づかい運動」。このキャンペーンの意図は、気遣いではなく木を使う運動である。もっと木材を消費しようという運動なのだ。

この言葉には「木を使うことが森を守る」という理屈が込められている。木材を使うことで林業を応援し、林業を元気にすれば森も健全になるというわけだ。今では民間でもわりと使われるようになった。ひと頃は森を守るために「木を伐るな」という国民の声が強かったことを思うと、隔世の感がある。なぜ、こんな運動が展開されているのか、考えたい。

この運動をもう少していねいに言うと「国産材づかい運動」であり、その背景にあるのが「木あまりの時代」だろう。世界的には森林の劣化が続いており、森林伐採も抑制すべき状況にあるが、日本では森林蓄積（木材の量）が年々膨れ上がっている。そして木があまる……というより多すぎて弊害が出てきたとされる。だから外国産の木材を使うことは抑制し、代わりに国産材を利用すべきという考え方なのである。

最初に、日本で森林蓄積が増えた理由、そして「木を使うことが森を守る」という理屈について説明しておく。

日本の森林蓄積が膨らんできたのは、戦後の大造林のおかげだ。戦前の人工林面積は約五〇〇万ヘクタールだったが、戦後は伐採跡地に再造林するだけでなく、雑木林などの広葉樹林を人工針葉樹林に転換する政策が取られた。結果として人工林面積は一〇〇〇万ヘクタールを超えるまでになっている。すでに国土に草原や裸地部分はほとんどなくなり、

1-2 | 日本の森林蓄積の推移

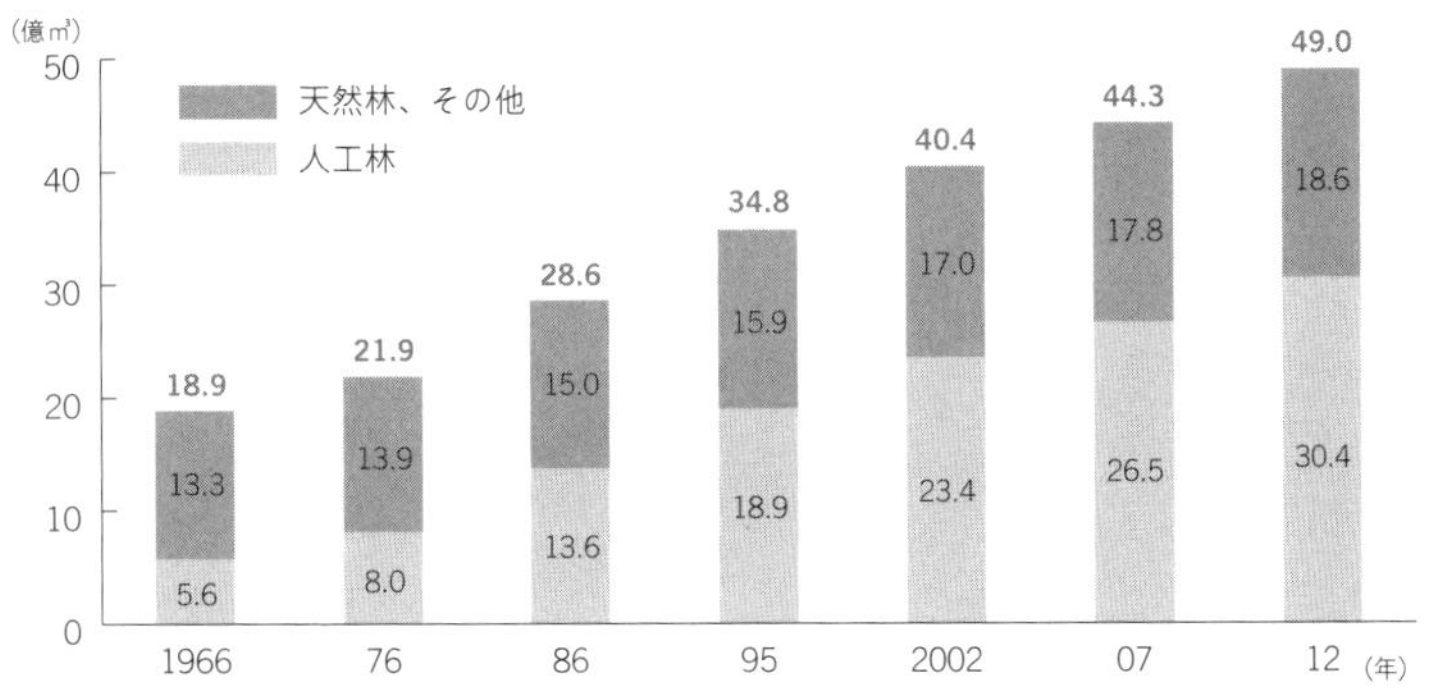

［注1］各年とも３月31日現在の数値。
［注2］2007年と2012年は、都道府県において収穫表の見直し等精度向上を図っているため、単純には比較できない。
資料…林野庁「森林資源の現況」
出典…平成29年度森林・林業白書
※日本の森林は、戦後人工林が大面積に造成され、その木が太ってきたことで蓄積が増大している。

森林率も六七％に達した。そして植えてから五〇年以上経ち、そろそろ木材として使えるほどの太さに育ってきた（図表1－2参照）。

国内に木材が足りない間は外材に依存していたため、仕入れルートも外材向きに整備されてきた。外材は間に商社などが介在するので流通もスムーズだ。そこに「国産材も育ったから、また仕入れを国産材にもどしましょう」と呼びかけても工務店はそっぽを向く。仕入れを変えるのは結構な手間とコストがかかる。しかも国産材流通には多くの欠点があった。その点については後述するが、だから国産材の利用はなかなか増えない。

さらに追い打ちをかけたのがバブル経済の崩壊と阪神・淡路大震災、そして人口減少だ。不景気になれば個人所得が落ち、住宅建設は伸びない。そして震災で木造家屋の多くが倒壊したため、木造住宅が忌避される要因になった。そこに生産年齢人口が一九九〇年代から急減し始める。結果として家を建てる人が減り、住宅着工件数が急速に落ちた。

今後も新築の住宅着工件数は減り続けるだろう。野村総合研究所によると、二〇一六年度の九七万戸から二〇年度に七四万戸、二五年度に六六万戸、三〇年度には五五万戸と減少していくと推測している。

さらに一七年の木造住宅一戸当たりの床面積は、〇一年から約一割減少した。世帯当たりの家族数が減り、住宅そのものが小型化したからだ。当然ながら木材の使用量も減る。

このように国産材の出番はなかなか増えない。せめて林業地では地元の木を使おうと地産地消運動を起こした。それが木づかい運動の源流だ。だから使う木は国産材でなければいけない。

とはいえ、単に山村や林業家が困っているから国産材を使おうというのでは運動が盛り上がらない。そこで付け加えられたのが「環境」という言葉である。

実際、戦後植えた木が育ったのに使われないから、日本の人工林は混みすぎるようになった。密生したまま放置したら、林内が暗くなり草も生えず土壌が流されてしまう。だから林内に光を入れ、森林を健全にしよう。そのために木を伐ろう。伐った木を使おう。それが森を守る。そんな論法が採用された。つまり「木を伐って森を守る」である。

本音である林業活性化という目的は脇においたというか、隠された。ともあれ木づかい運動とは、「木あまり」ゆえに起きたと言ってよい。

木で表面を覆った砂防ダム。景観配慮とともに「木づかい運動」の一環だろうか。

木づかい運動が木の価値を下げる

林野庁は、〇五年度から「木づかい運動」という名でPR活動をスタートした。とくに一〇月を「木づかい推進月間」として定め、シンポジウムやセミナーなどを開催したり、ラジオ、テレビなどで広報活動を展開するようになった。

運動自体が悪いわけではない。ただ、木づかい運動が生み出した弊害もいくつかある。その一つが環境のために木を伐ると言いすぎたことにあると私は思っている。それで消費者側に伐った木を「環境のために使ってやる」という意識が生まれてきた。経済的な意識が弱まり、「使ってやるから安くしろ」という発想へと結びついた。

もう一つ、木材の等級を無視したことだ。

一般に人工林から産出された原木（丸太）は、主に曲がり具合によってA材、B材、C材と区別する。A材とされる丸太はまっすぐ伸びていて、そのまま製材できる。多くが住宅建材（柱材）にされてきた。曲がりはあるが、そんなにひどくないのがB材。これは合板材料になった。さらに曲がりが強かったり、二メートル以下などA材B材にならないものはC材。チップにされ、主に製紙原料になった。価格はAからCへと安くなる。

問題はA材を使う住宅需要が伸びないから、合板や製紙チップに活路を求めたことだ。ちょうど合板原料だった南洋材（熱帯産広葉樹の丸太）が資源枯渇で伐採制限が強まっていた。そこで技術開発を進め、スギのB材を使って合板がつくられるようになった。製紙用に必要な針葉樹チップにも国産材を使うよう業界を挙げて取り組んだ。これも一定の成功を収める。

そこにD材が登場した。D材はC材以下の枝や切株なども含めたチップだが、燃料用木材である。これはバイオマス発電が登場したことで設けられたものだ。

ところが、気がつくと売れるのはB材とC材、そしてD材ばかりになった。

伐採業者は、伐った木を全部商品にできるのだから、請け負った山全体から出せる木材量が増加すれば利益も増す。しかも伐採や搬出には補助金がつく。木材の質は問われず、原則伐った量、出した量に合わせて助成される。だから業者の利益は増した。

しかし、山主に還元される金額が増えたかと言えば必ずしもそうではない。山主の基本的な利益は、山に生える木の価格である。それはA材が多くを担っている。だがA材は、価格だけでなく需要も落ち込んでいる。売れないA材は、合板用のB材扱いになる。しかしそれはA材をB材の価格で売ることになり、木材価格はどんどん落ちていく。

利益を増やそうとすれば、大量に木を売るしかない。それが皆伐（かいばつ）を促進する理由になる。しかし森林の持続性には疑問符がつく。同時にそれは木材供給の持続性も危うくする。また環境面から見ても、「森をなくして森を守る」というのは矛盾以外の何物でもない。

改めて振り返りたい。林業振興とは何か。簡単に言えば、森林から利益をあげることだ。山主も育てた木が高く売れて利益が出たら、また山に投資しようという気持ちになる。質のよい木(主にA材)を育てることが収入アップになると思うから手入れをする。

ところが国産材の使用量を増やす「木づかい運動」では、木の質や価格は関係ない。山主の利益に〝気づかい〟しない。必要なのは、「木を伐って森を守る」「木を使って林業振興」ではなく「木を高く買って地域振興」することではないだろうか。

3 外材に責任押しつける逃げ口上

なぜ日本の林業は衰退したのか。メディアがこの問題を説明するのによく使われる言葉は、

「安い外材に押されて」である。

近頃、日本の林業を取り上げるテレビ番組や新聞・雑誌記事が目立つようになったことは本書の冒頭にも記した。その際の切り口は、たいてい「安い外材に押されて長く低迷してきた日本の林業に新たな動き」といったものだ。つまり日本林業の不振は、国産材より安い外材が大量に入ってきたためと捉えているのだ。

これは間違い、というより責任を外材にかぶせる逃げ口上にすぎない。こんな言い訳がいまだに出回るのは林野庁の陰謀かも、と思ってしまう。なぜなら「安い外材」に林業不振の理由を押しつければ、林野行政の失敗を覆い隠せるからだ。一方で林業家も、自らの経営判断ミスや努力不足を追及されずに済む。

戦後の木材供給の流れを見ると、まず戦災復興と高度経済成長で木材消費量がうなぎのぼりになる中、国産材の供給が追いつかなくなったという事情がある。そもそも木材は、戦争遂行のための軍需物資として大増産され、そのため山は乱伐され荒れていた。すでに十分な森林蓄積は日本の山になかったのである。

そこで一九五〇年代にアメリカやソ連（当時）、そして東南アジア各国からの外材輸入を順次解禁した。幸い経済が立ち直り始めて外貨準備高も増え輸入が可能になったほか、輸入した木材を加工して輸出するという加工貿易も推進された。

肝心なのは、その頃の外材の価格は国産材よりずっと高かったということだ。当時輸入に関わった木材業者によると、ときに国産材の二倍、三倍もしたという。それでも売れたのは木材不足だったからにほかならない。

一方で日本の林業現場は、外材が木材供給の不足分を埋めてくれることで過剰な伐採圧力から解き放たれて一息ついた。だから外材輸入に大反対したわけではない。

とはいえ、国産材の生産が減ったら業界の売り上げも落ちる。そこで国産材業界の向かった方向が、銘木・役物と呼ばれる木材だ。これは、ようするに見た目のよい木材で、主に和風建築に使われる材である。木目が細かく美しいとか、無節、床の間に使われる磨き丸太などが人気を呼んだ。それに柱として人気のあるヒノキの値が高くなった（それまでは、スギとヒノキの価格にほとんど差がなかった）。

国産材を扱う業界は、銘木を供給することで外材との差別化をはかり、経営を維持する道を選ぶ。一般用途の外材と銘木を比べたら銘木の国産材の方が高いのは当たり前だ。そのため国産材は外材に比べて高いというイメージが生まれた。

一九七〇年代に為替が変動相場制となり、円高ドル安が進行する。円高は輸入品を安くするから国産材より外材の方が安くなった。一ドル三六〇円の固定相場から、八五年のプラザ合意を経て一〇〇円台へと円高が進行した。そのおかげで、八〇年代は概して国産材が高く、外材は安いと感じた。とくにバブル景気時代は高級な和風建築が持て囃されて、銘木をふんだんに使った家が建てられる。そこでは磨き丸太一本が数百万円という値もついた。

外材は洋間とともに需要拡大

しかし九〇年代に入った頃から建築の動向は大きく変わり始めた。バブルがはじけて贅沢な造りが敬遠されるようになったこともあるが、和風の部屋自体が求められなくなった。床の間どころか畳の部屋さえなくなっていく。磨き丸太を使う場所がなくなるわけだ。

また洋風の家は大壁(おおかべ)構法でつくられた。これは柱や梁(はり)の上に壁紙(クロス)を張って、見えなくする設計である。構法の変化と建築家の問題は後に詳しく記すが、これまでのように大黒柱だとか無節のヒノキ柱だとかを自慢することもできなくなる。見えないのだから、どんな木材でも強度さえあればよい。そこで外材の柱が増えた。

さらに外材による集成材の柱や梁に変わっていく。集成材とは板を張り合わせて角材にしたものだ。強度は増すが、日本人は張り合わせた面が見えることをあまり好まない。しかし大壁構法なら、そもそも柱が見えないのだから何の問題もない。

洋間が増えると外材が売れた。フローリングも壁材も扉も外材商品ばかりが出回っている。国産材は売れなくなり、価格も下がった。国の統計によると、九二年にはスギの丸太価格が、九八年にはスギ製材価格が、外材(代表的なベイツガ)より安くなった。

つまり現状は、「国産材は外材より安いのに売れない」のである。「安い外材」という言葉自体が嘘になってしまった。

ちなみに木材価格は、個々の材質や使用目的、そして加工によって大きく変わる。さらに流通コストの割合も大きい。仮に原木が安くても加工流通する過程で値が上がり、外材より高くなった国産材商品も多い。一方、外材価格は為替の変動も影響する。

消費者にとっては、自分が手にする木材の価格が重要である。いくら原木価格では国産材の方が安くても、流通コストがのることで自分が購入する国産材の板や柱、木工品が外材製より高くなれば「国産材は高い」と思う。そして安い外材で十分だと思うだろう。

興味深いのは、外材は高くてもよく売れたことだ。同じ価格なら外材を使うと断言する大工もいた。その理由を端的に言えば、質がよいからだ。外材は大径木材が多く、木目も詰まっているし強度がある。ほかにも寸法どおり製材され、乾燥もきっちり行っている、配送が早くて支払い日などのサービスもよい、製品の種類が多い、営業マンが頑張った……など、外材が選ばれるのは原木の質ではない要素も大きい。

なお外材と一括りにするが、昔のイメージの南洋材、つまり東南アジアなど熱帯諸国の木材はすっかり減った。ソ連材（現・ロシア材）も影をひそめた。米材（アメリカ・カナダ材）が主流だが、近年勢いを増しているのはヨーロッパ材である。北欧諸国だけでなく、オーストリアなど中欧諸国、そしてルーマニアなど東欧諸国からも増えている。また丸太輸入はほとんどなくなり、多くは製材品として入ってくる（図表1－3参照）。

1-3 日本の木材(用材)供給状況　2016年

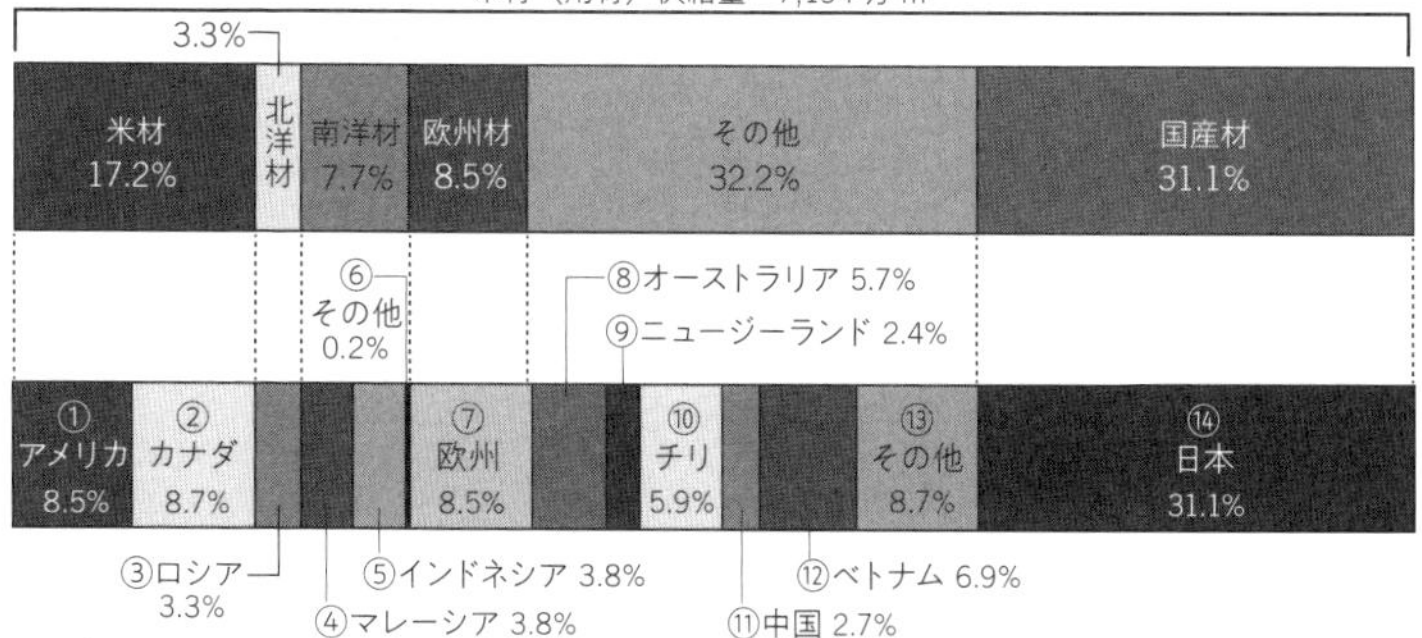

●各国の内訳

①アメリカ	**8.5%**
丸太	3.5%
製材	0.6%
パルプ·チップ	4.3%

②カナダ	**8.7%**
丸太	1.9%
製材	4.2%
パルプ·チップ	2.3%
その他	0.3%

③ロシア	**3.3%**
丸太	0.3%
製材	1.9%
パルプ·チップ	0.4%
合板等	0.4%
その他	0.2%

④マレーシア	**3.8%**
丸太	0.3%
製材	0.2%
パルプ·チップ	0.7%
合板等	2.5%
その他	0.1%

⑤インドネシア	**3.8%**
製材	0.1%
パルプ·チップ	1.1%
合板等	2.2%
その他	0.4%

⑥その他	**0.2%**
丸太	0.1%

⑦欧州	**8.5%**
製材	6.0%
パルプ·チップ	0.4%
その他	2.1%

⑧オーストラリア	**5.7%**
パルプ·チップ	5.6%

⑨ニュージーランド	**2.4%**
丸太	0.8%
製材	0.2%
パルプ·チップ	1.3%
合板等	0.1%
その他	0.1%

⑩チリ	**5.9%**
製材	0.5%
パルプ·チップ	5.3%

⑪中国	**2.7%**
製材	0.1%
合板等	2.0%
その他	0.6%

⑫ベトナム	**6.9%**
パルプ·チップ	6.5%
合板等	0.3%
その他	0.1%

⑬その他	**8.7%**
製材	0.1%
パルプ·チップ	8.6%
その他	0.1%

⑭日本	**31.1%**
丸太（製材用材）	16.9%
丸太（パルプ·チップ用材）	7.3%
丸太（合板用材）	5.4%
丸太（その他用材）	1.4%

[注１] 木材のうち、しいたけ原木・燃料材を除いた用材の状況である。
[注２] いずれも丸太換算値。
[注３] 輸入木材については、木材需給表における品目別の供給量(丸太換算)を国別に示したものである。
輸入丸太については、製材工場等における外材の入荷量を、貿易統計における各国からの丸太輸入量に応じて案分して算出した。

輸入パルプ・チップについては、輸入チップのうち燃料用として使用された量(総量)を貿易統計における各国からのチップ輸入量に応じて案分した量を、各国からのパルプ・チップ輸入量から減じて算出した。
[注４] 内訳と計の不一致は、四捨五入及び少量の製品の省略による。
資料：林野庁「木材需給表」／財務省「貿易統計」
平成29年度森林・林業白書より改変

いずれにしても「安い外材に押されて」という言葉だけが今も拡散しているのはメディアの勉強不足を超えて誤報である。ちゃんと伝えない林野庁や業界団体が悪いのか。もっとも、木材価格の推移は白書などに示されているのだから、番組や記事をつくる際にチェックすれば気づくはず。もしかしてメディアは結託して、国産材業界の体たらくを隠そうとしたのか……と、陰謀論に傾きたくなる。

業績が不振となったら、その原因を探って改善する。これが経営の王道である。しかし林業界では、そうした改革努力が行われなかった。責任を外材という外部要因に押しつけて、国に支援を求めたのである。そして補助金が注ぎ込まれ改革意欲は失われた。

しかし林業は国土保全や地球環境にも影響する。ことは深刻である。

4 森も林業も知らない林業家

林業家というのは、誰を指すだろうか。意外と大雑把な言葉である。

まず思い浮かべるのは山主（森林所有者）だろう。基本的に森林を土地として所有している人を指す。そして林業を経営する立場だ。

次に現場で働く林業従事者。植林だったり伐採だったり仕事内容は千差万別だが、山に通って働く人々だ。呼び方は林業労働者や林業作業者、山行き（やまゆ）さん……などいろいろある。山主が直接作業するケースを除くと、彼らが扱う森林は自分たちのものではなく、彼らは仕事を請け負う立場だ。そのほか中間部分に森林組合の職員や行政職員などもいる。彼らは直接山の現場の作業に関わらなくてもプランニングや事務作業を担う。彼らの立場、役割については第2部

材の質を高める枝打ち作業。近年はあまり行われない。

で考察したい。

ともあれ山主なり労働者なり、森に関わっている人々なのだから、森については詳しいはず……と思いがちだが、それはどうも誤解だったようだ。

以前、某林業地域の森林組合の事務所を訪れたことがある。別件の取材のためだが、担当者が出てくるまでにデスクの上に積み上がっているパンフレットに目が向いた。

表紙に「間伐のススメ」とあった。カラーイラストと写真を多用したもので、最初のページは「間伐とは何か」だ。生えている木の一部を伐って間隔を空けること……などと説明がある。そして「なぜ間伐が必要か」「間伐を行うには」といった項目が並んでいた。最後に間伐の済んだ森の写真を載せている。これは山主に配るパンフレットらしい。

ちょっと驚いた。間伐推進のパンフレットをつくることはわかる。しかし「間伐」という言葉の説明から始めるのか。これを受け取る山主は、間伐という言葉を知らないことが前提になっている。山主が林業のイロハである「間伐」を知らない？

日本の山には、たいていスギやヒノキを植えた人工林部分が広がっている。しかし、間伐を行っている地域は少なかった。植林後は放置されていたのだ。植えた後も木の質を高めるような育林作業を重ねている林業地はあまりない。

そこで気づいた。人工林が広がる地域でも、林業そのものが未経験であるところが大半だったのだ。なぜならスギやヒノキといった木材用の木を植えたのは戦後になって初めてだからである。そして、まだ一度も収穫（伐採）したことがない。ようするにビジネスとして完結していないわけだ。

木を売らなかった山村経済

日本の山村がみんな林業地だと思うのは誤りである。地域によっては木を売らない森林利用を行っていた。たとえば江戸時代なら、たいてい焼畑などの山間農業と山菜や木の実など森の幸の採集、渓流の魚や獣の捕獲などで食料を確保し、ほとんど自給自足だった。現金収入は、余剰な食料のほか、薪や木炭を採取製造し、里まで売りに行って得るのだ。また獣の皮革や木工品なども商品となった。山によっては鉱物資源もあっただろう。

木材を伐り出すこともあったが、それは非日常的な仕事である。平地の権力者や富裕者が建築資材を求めるとき、あるいは村民が大きな現金収入を必要としたときに木を売る。その際に伐る樹木は、必ずしも植えて育てたものではない。天然林から伐り出すことも多い。木を植えて育てる林業は、一部の伝統的な林業地しか行っていなかった。

年間を通じて木材生産を行っていた林業地というのは、全国的に見ても極めて少ない。かさばり重量のある木材を運び出すのは、搬出路や河川の整備などが必要となり、少人数でできることではない。それなりの社会システムが必要だった。

なお薪は、大きな産物だった。当時はエネルギーのほとんどを薪と炭に負っていたからである。日々の煮炊き、暖房はもちろん、産業用などにも薪が必要である。大きな町になると、調達も簡単ではない。江戸時代の大坂の町には、四国や九州から莫大な薪が輸送されていた記録がある。逆に見れば、山間部にとって都市にエネルギー源を供給することは、一大産業だったのだろう。これも林業と言えなくもないが、太い木を伐採搬出する技術を身につけていたわけではない。それに薪にする木（多くが広葉樹）は、種子の自然散布や切株から萌芽が出て育つ性質のものが多かったから、苗を植えて育てる必要はなかっただろう。

しかし薪や木炭は、戦後になると石炭・石油・ガスに転換される燃料革命によって売れなくなる。一方で戦災復興や経済成長が木材需要を高めた。そこで薪を採取していた広葉樹林を木材生産に向いた針葉樹林に変えていく。これが拡大造林である。

これは国策として進められ、多くの山で初めてスギやヒノキの植林が行われた。しかし、そうした地域では植えた後にどうするのか知らなかった。間伐の必要性を説明されても実感がわかなかっただろう。

町の住人が山を所有した場合は、もともと山の知識を持っていない。そうなれば、いよいよ植林や間伐などの林業技術は身についていない。

誰も林業の全容を知らなかった

いつの頃か、林業従事者であっても、必ずしも森林や林業の知識を持っているわけではない、ということに私は気づいた。

話していると、スギとヒノキ以外の樹種を知らないことも少なくない。目の前の雑木の名も知らないし、草や昆虫の名や習性にも興味を持っていなかった。スギなどについても伐採対象であるだけで、樹木としての知識はさしてない。林内にいる動物の生態も同じだ。シカは苗を食うので憎たらしいし、クマは危険だから関心はあるが、シカやクマの生態に詳しいわけでもない。個人的に生物に興味を持っていないと学ぼうとは思わないのだろう。

林業技術にしても、その理屈を十分に把握しているとは限らない。単に先輩に教わったとおりにやっているだけのケースが普通だ。より効率をよくする、安全性を高めるための工夫を凝らす人は少ない。そして自分たちの伐った木がその後どうなるのかにも関心を持っていない。把握しているのは木材市場に運ぶまで……。

それに林業は地域差の大きな世界だ。山の気候や地質、地形、そして扱う樹種によって大きく事情は違う。当然、作業方法も変わってくる。山の尾根一つ越えたら違う林業があると言われる。また林業地域に製材所があるかないか、道路事情や消費地との取引状況で出荷条件は大きく変わる。ある林業地では普通のことが、別の林業地では通じないことがざらだ。自身の知識もしくは経験を金科玉条として、きつく他地方の流儀を批判する人もいるが、それ自体「林業を知らない」証拠だろう。

やはり知識は興味を持って体系的に学ばないと身につかない。そして広く全国を見ないと多様な姿を理解できない。林業の全体像を知る人は、誰もいないのかもしれない。

5 正反対の意味で使われる「間伐」

改めて「間伐」について考えたい。もともと林業の専門用語だったが、今ではメディアでも普通に使われている。しかし、本来の意味を知っているのか疑問だ。本書でもすでに幾度となく間伐という言葉を使ってきたが、もう少し間伐の目的や定義を正確に考えてみるべきではないかと思う。

間伐とは、ごく簡単に言えば植えた木の中から幾本か抜き伐りすることだ。生えている木の間隔を広げる作業と説明してもよいだろう。農業では「間引き」と表現する。しかし、この説明で済ませるわけにはいかない。

もともと「林業の要諦は間伐にあり」と言われるほど間伐とは奥深い技術である。にもかか

切り捨て間伐は、残した木の保育のために行うもの。伐った木はその場に捨てられる。

わらず現状は、野放図で思いつきに近い間伐方法が広がっている。これが日本の林業のレベルを落とし、経営をゆがめている。何より間伐の意味が誤っているのだ。

整理しよう。間伐は目的によって二種類ある。「保育間伐」と「利用間伐」だ。

まず一つ目の保育間伐は、その木を伐ることで残した木の生長をよくするもの。一般にはこれを間伐と思っている人が多い。だが、これは間伐の一形態にすぎない。

ただ、ここでも二つに分かれる。林地には苗木とは違う樹種の木も自然と生えてくる。とくに生長の早い広葉樹が多い。放置すると植えた針葉樹（スギ

（スギやヒノキなど）の苗と種間競争が起きかねないが、そこに人間が介入して広葉樹の方を除く。とくに春から夏にかけて行うのは「除伐」と呼ぶが、ようは「植えた苗以外の雑木の間伐」である。

一方で、同じ植林木の競争に介入する場合もある。同じ樹種の苗を同じ時期に並んで植えたわけだから、苗同士で競争になる。つまり種内競争が起きる。しかし似たような生長をするため優劣がつきにくく、共倒れになりかねない。そこで人がどちらかを伐る。この場合の伐る木は、多少とも生長のよくない木か、曲がっていたり傷がついているなど、よい木材に育たないと想定される木を選ぶ。だから「劣勢木の間伐」である。その木を伐ることで周辺の木がよく生長する（優勢木になる）ことを期待する。

これら「保育間伐」で伐られた木は使い道がなく、林地に残すことが多い。だから「切り捨て間伐」とも呼ぶ。木の素性にかかわらず切り捨てることもある。搬出が困難、あるいは売値以上に搬出費のかかる場合などだ。ときに切り捨て間伐の補助金を受け取るために木材を持ち出さないというケースもあった。

木を利用するための間伐

二つ目の間伐は、伐った木を山から搬出して売るものだ。これを「利用間伐」とか「搬出間伐」、あるいは「収入間伐」と呼ぶ。

こちらは、植えてそこそこ年数が経って行う。今なら三〇〜四〇年以降だろう。ただし明治時代には、七年生の間伐材も商品にしていたそうだ。直径は一〜二センチしかなくても立派な売り物になったのだから、利用間伐である。逆に八〇年、いや一〇〇年を超えた木々の中から一部を抜き伐りして搬出する場合も利用間伐だ。

ともあれ伐った木に用途があれば利用間伐になる。当然ながら立派な経済行為だ。

ただ利用間伐であっても、間伐した後の林地に残った木の生長をよくする効果はある。樹木は年々太って枝葉も伸ばすが、隣の木が伐られてなくなれば、光が入って枝葉に当たり生長が促されるわけだ。つまり利用間伐は保育間伐の効果を兼ねる。

なお「列状間伐」という呼び方もある。これは伐り方を説明している。植林された木の列で、伐るか残すかを決める間伐方法だ。伐った木は捨てる場合も搬出する場合もある。この場合は木の質ではなく量で判断する。このやり方の利点は、作業者が楽であること。選木が必要なく列状なら倒しやすいし、木を出す場合も苦労が少ない。

いずれにしろ世間の多くは、間伐といえば「保育間伐（とくに劣勢木間伐）」だけと思いがちだ。仮に間伐材を搬出して利用していても、それは「劣勢木」だと思い込んでいる。だから「間伐材はみんな質の悪い木材」という発想に陥っているのだ。

なお保育（切り捨て）間伐は、技術的に利用間伐より容易である。高度な選木眼は必要なく、基本的に細い木だから伐りやすい。倒す方向もどこでもよい（ただし、隣の木に引っかからないようにする）し、倒れた木が折れても、傷がついてもかまわない。枝葉を落とす必要もない。短く刻んで林床に転がしておけばよい。逆に利用間伐は、選び方も倒し方も難しく、その後の搬出にも技術がいる。

主伐という言葉も誤訳？

このような間伐の種類とそれぞれの意味をしっかり理解しないため、間伐とは森林を健全化するためだけに行う作業というイメージが広まった。林業家でさえ、そう思い込んだ。だから間伐材を売って利益を生むことをケシカランとする声さえ出たのである。環境のための間伐なのに、経済行為にするのは間違っているという発想なのだろう。

付け加えると、「間伐」と対になっている「主伐」という言葉もおかしい。

主伐とは、人工林で育った木を全部収穫し、その後の更新を行うことを指す。細かく分類すると、幾度かに分けて伐る「漸伐」や、選択した木を抜き伐りする「択伐」なども含まれるが、基本は一定範囲の面積に生えている木を全部伐って森をなくす行為である。だから「皆伐」とほぼ同義語だ。本来は、間伐を続けて最後に成熟した木ばかりになったところで行う最後の収穫である。

ちなみに英語では、主伐のことをファイナルカットという。これを直訳すると終わりの伐採、つまり「終伐」となる。それを主伐という漢字に置き換えてしまった。

主たる伐と記すと、これこそが本来の伐採と思ってしまう。林業では主伐が重要だと思い込んでしまう。しかし外国には択伐を繰り返して、空いた空間に次の世代の木を生長させることで、皆伐にならないように行う林業もある。

日本では「主伐」という言葉を使うことで、間伐を軽んじてしまった。主伐こそが本来の林業であると思い込んだのである。

6 木材価格は高いという神話

世間には木材に対する誤解が多くある。燃えやすい、腐りやすい……なども条件次第で誤解なのだが、私の思う最大の「木材の誤解」は価格ではないか。

なぜか木材はほかの建築材料より高いと思われているのだ。とくに国産材は高いと信じられている。先に記した「安い外材」と連動しているのかもしれないが、よく「国産材で家を建てたら高くつく」といった声を聞く。

実際の木材価格（主に木材市場の取引価格）を知っているだろうか。樹種や節の数、木肌の色、木目（年輪）の入り方……などの品質に左右され、さらに需給バランスなどで価格は変動するから一概には言えないが、大雑把に捉えてみよう。たとえば直径三〇センチ、長さ四メートルのまっすぐなスギの丸太を考えてほしい。もちろんA材だ。

これだけの木に育つには、ざっと六〇年くらいかかっている。生長の遅い地域なら八〇年以上だ。長くかかった木材の方が、年輪が細かいから価値も上がる。その間、手入れされてきたのだからコストもかけている。とすると、結構高くなるのではないか。

まったく木材に縁のない人にこの丸太の値段を尋ねてみると、五万円？　一〇万円？　と言った。六〇年間も育ててきたのだし、ボリューム感だってたいしたものだ。重さは一八〇キログラムを超すだろう。それぐらいの価格であってほしい。

ちなみに木材の単価は一立方メートル当たりの価格で表す。たとえば直径三〇センチ、長さ四メートルの丸太は〇・三六立方メートルの材積で計算する。もしこの丸太が五万円なら、一立方メートル価格に換算すると約一四万円となる。

　では、実際の木材市場で取引されるスギの丸太はどんな値段がついているか。

　一般的なスギ材なら、立方メートル当たり一万円前後である。A材で一万三〇〇〇円の値をつけたら喜ぶ。これを丸太一本当たりに直すと、よくて四〇〇〇円強。高校生のお小遣いでも買えるのではないか。それが六〇年間かけて育てた結果だ。丸太が少し曲がっていたり、傷があろうものなら半値になる。二〇〇〇円程度か。なお、これらの価格は丸太にして搬出された価格なので、山主の受け取れる立木（りゅうぼく）価格はその何分の一かだ（図表1－6参照）。

　一二〇年生の吉野杉（太さ三〇数センチ、長さ四メートル）を購入した素人の女性がいて話題になったことがある。吉野杉は銘木の部類に入るし、木目は細かく色も赤みがかかって美しかった。彼女は吉野杉の広報のために自ら購入してみせた

1-6｜全国平均山元立木価格の推移

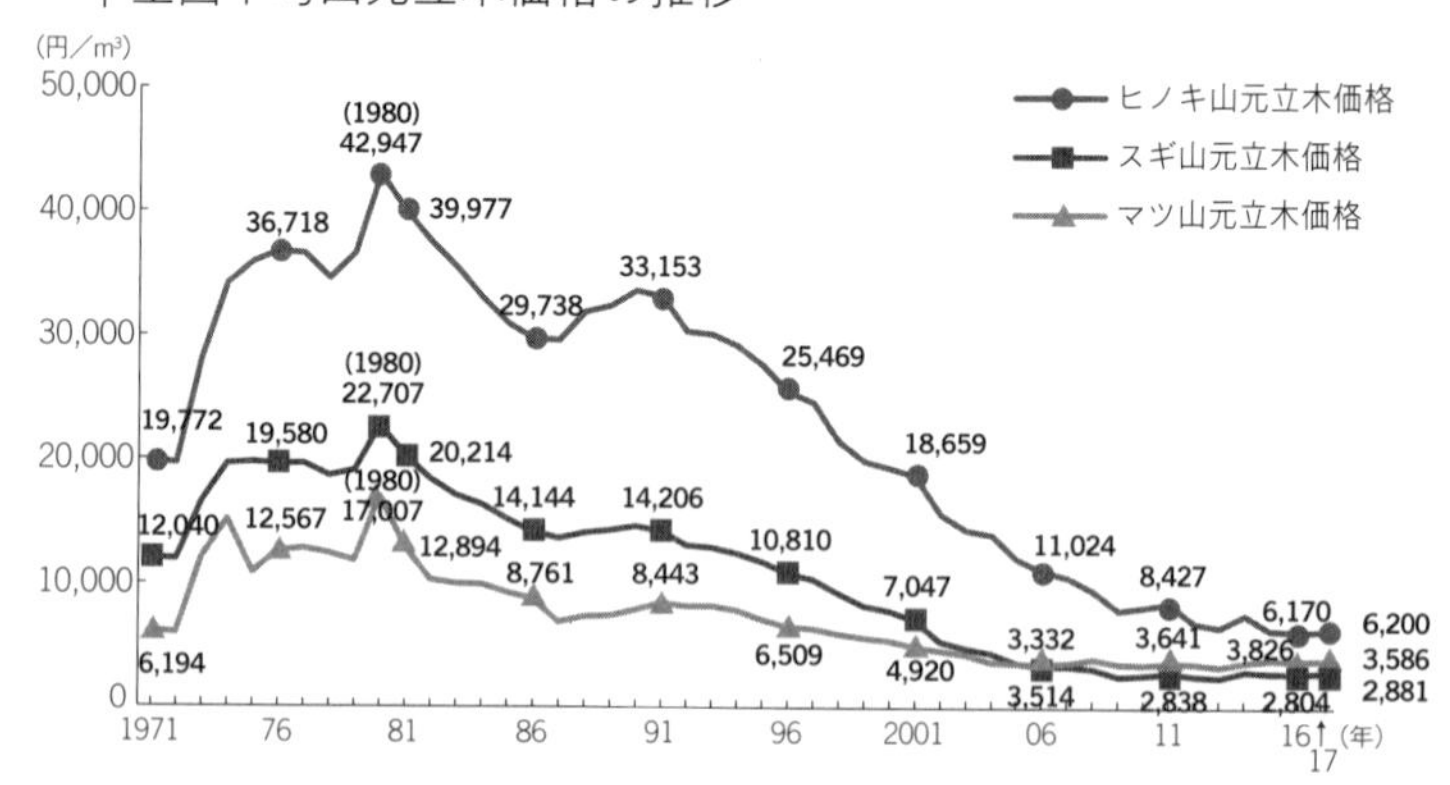

［注］マツ山元立木価格は、北海道のマツ（トドマツ、エゾマツ、カラマツ）の価格である。
資料…一般財団法人日本不動産研究所「山林素地及び山元立木価格調」
出典…平成29年度森林・林業白書（一部改変）

のだが、その際の世間の反応も、吉野杉だから五〇万円ぐらいしただろう、と言われたそうである。だが、単価三万円（さすがに一般材より高い）だった。これを丸太一本にすると一万数千円。高級とされる吉野杉であっても、通常はそんな程度だ。

木造住宅の木の値段はいくらか

もっとも、ここで記したのは原木（丸太）価格だ。原木のまま手にしても一般人は使えない。その丸太を製材工場に運ばないといけない。そして板にしたり角材（柱）にしたりと製材する。この流通や製材・加工の過程で価格は上がる。

運搬にはトラックなどの運賃が必要だし、製材コストは工場でかける手間に比例する。一本一本手作業で製材するところもないではないが、今は多くが自動化した製材機を通す。すると製材機の性能が重要となる。欧米だとコンベアの上を流れる丸太は秒単位で製材されるが、日本では分単位だとよく言われる。

この比喩が正しいかどうかはともかく、日本の製材工場の性能は概して低い。生産性が低ければコスト増となる。ほかにも在庫ロスや流通マージンなどさまざまな要因が重なるが、結果として角材や板材になった時点で、北欧など地球の裏側から届いた製材品と比べても国産材は高くなってしまいがちだ。そのため一般人がホームセンターなどで製材された柱材や板材を見て、「国産材は高くて、外国の木材の方が安い」と思うのである。

では、やはりユーザーにとっての国産材は高いのか。外材の製材品と比べてみると、せいぜい一割高とか二割高のレベルである。

一般的な木造住宅を建てる際、全体の建築費のうち木材価格が占める割合はどれくらいか考えてほしい。たとえば一戸建て住宅の価格が二〇〇〇万円だとする。そのうち木材価格はどれぐらいかと、建築業界のことをまったく知らない人に問いかけた。すると七割ぐらい？　という答が返ってきた。さすがにのけぞる。何人かに聞いたが、五割以上を占めていると思っている人は珍しくないようだ。

通常の家なら二〇〇万円、一〇％程度である。ハウスメーカーの住宅になると五％以下が普通だ。特別多く木材を使ったという家でも二〇％に届くケースは稀である。建材としては鉄筋コンクリートの方が高いし、建築にかかる時間も長くなる。木造家屋の材料費は安いのだ。希少で高価な銘木をふんだんに使った数寄屋建築でも望めば別だが、通常の住宅で木材価格が建築費を圧迫することはないはずだ。

仮に建築価格のうちの木材分のシェアが一割の住宅で、外材より一割高い国産材を使った場合、全体の建築費に与える影響は一％という計算になる。建築費が二〇〇〇万円なら二〇万円程度だろう。そのくらいは交渉の中で揺れ動く範囲である。

たとえば新築住宅にシステムキッチンを入れると、一〇〇万円以上かかる。最上級のシャワートイレを設置したら三〇万円はする。また各部屋に設置するコンセントの工事費は、一カ所数万円を覚悟すべきだ。一部屋に二カ所のコンセントを設置するように求めると、それだけで建築費は跳ね上がる。そのほか部屋の内装などのグレードも大きく影響する。

あとは大工の加工賃だが、これは人（工務店）によって違いがありすぎる。ただ最近はどこでもプレカット木材を使用する。設計図に合わせて工場で刻みを入れておくのだ。さらに合板も多用するし、木材以外の建材も多い。現場では大工がそれらを組み合わせるだけの場合も増えた。建築現場でホゾ穴を開けるような加工をすることはほとんどなくなった。釘さえ、金槌を使わず電動工具で打つ。熟練の職人でなくても家は建てられる。昔は半年以上かかった家づくりが、今は1カ月で建つのはそのおかげだ。工期が短くなれば大工の手間賃も安くなる。木造だから高いということはない。

いずれにしろ、木材価格が建築価格を圧迫する度合いは極めて小さい。それなのに、家を建てる際になんとか安くしようと思ったら、たいていの建主はまず木材部分の単価を削ろうとする。そして「安い外材でいいか」と思ってしまう。

工務店もそれに便乗する。建主が国産材を使ってくれと言うと「高くなりますよ」と翻意を促す場合が多いそうだ。なぜなら通常は外材を使っているため、国産材の仕入れルートを持っていないからだ。あえて国産材を使おうとすると手間が増えるほか、商品アイテムが少なくて選べない。また少量生産だと単品価格は高くなるものが多い。

工務店にとっては原価が外材と変わらなくても、国産材を使いたくないというのが隠れた気持ちだろう。そこで断る口実として「高くなりますよ」を使う。それでも国産材を求めたら本当に手間賃を上げるだろう。だが、それは流通や工務店側の事情である。

世間は、妙に国産材を買いかぶっている。何十年も山で育てたということや、自然物であること、癒しなどを感じること……敬意を持ってくれるのは有り難いが、その結果、非常に高いと誤解して手に取るのを遠ざけてしまいがちだ。そして誤解に便乗する者もいる。それが林業を圧迫しているのである。

第1部では、日本の林業を取り巻くさまざまな誤解と人々（メディア）の思い込みを中心に問題点を紹介した。それが「絶望の林業」へとつながっている。続いて第2部では、より詳細に問題点を指摘していきたい。

第2部 失望の林業

I.諦観の林業現場

1 手を出せない林地がいっぱい

二〇一七年、所有者不明土地問題研究会は、長期間未登記の土地が全国で約四一〇万ヘクタールにものぼり、九州の面積(約三六八万ヘクタール)を上回っていると発表した。これが消えた土地、行方不明の土地問題として世間を賑わせる端緒となる。

少し補足説明すると、所有者が不明というのは、所有者がどこにいるのかわからない場合と、相続手続きを長年放置したため、権利者が何十人何百人と分散してしまったケースを指す。個人が土地所有者や相続人を探すのは相当難関である。個人情報保護法などの制約があるからだ。いずれにしろ所有者がはっきりしないと、その土地を利用することが難しくなる。転売はもちろん、道を通すのも、耕すのも、何かを建設するのも法的に難しく、事実上、塩漬けになる。日本は戸籍制度、つまり国民の管理制度はしっかりしているのに対して、国土を管理する地籍が意外なほどいい加減なことが、この発表を機に明るみに出た。

この所有者不明土地の問題の中でも、とくに解決に面倒な手続きを求められるのが山林だろう。国土の大きな部分を占めている山林の分野には、農地や宅地とは違った問題があるのだ。それが境界線確定問題である。

農地や宅地は、所有者が不明でも土地の境界はだいたいわかる。宅地は家と庭の範囲が目視できるし、隣家が境界を把握していたら突き合わせることで解決しやすい。地籍調査も行われているケースが大半だろう。同じく農地も耕作の痕跡や地形から範囲は比較的把握しやすい。微妙なズレ……ほんの数十センチが争いの元になることはあるが、場所で迷うことは少ない。

ところが山林は、ちょっと規模が違う。仮に所有者ははっきりしていても、自分の山がどこにあるのかさっぱり不明だというケースがざらにあるのだ。大雑把にこの山のどこか、というレベルで、何十キロもの範囲で探さないといけない。加えて境界線が曖昧だ。隣接地所有者の主張とズレが何百メートル、いや数キロある場合だって珍しくない。

所有する山林の所在や隣接地との境界がわからなくなるのは、所有者が地元を離れて歳月が経ったことも大きいが、森林特有の事情もある。

まず山林の所有境界は、測量等で明確にしているケースが少ない。昔ながらの「うちの山は、あの尾根からこっちの谷まで」といった曖昧なものや、境界には「○○の木を植えておいた」「大きな石のあるところ」といった目印で済ませていることが多いからだ。さらに、そうした目印さえ相続者に伝えないままで亡くなる場合もある。

加えて歳月は樹木を生長させたり枯らしたりする。岩だって転げ落ちることもあれば、水害等で境界線部分の沢や尾根、斜面全体が崩れてしまうこともある。そもそも隣接地の所有者も行方不明であることが多い。また隣接地所有者が山林を売却して（通常、売買事実は公表しない）、誰が所有しているのかわからなくなることもある。

仮に隣接地の所有者が見つかって、双方が境界線を確定したいという意思を持っていても、まったく記録や記憶が残っていない場合や、境界線にしていた尾根が崩れてしまっていたら確定しようがない。

故郷の父が亡くなって山林数十ヘクタールを相続した人がいた。細かく分散しているが、子どもの頃に父に連れられて所有する森林を見回り植林した記憶もある。そこで現地を歩いてみたが、何十年ぶりかに訪れた山は木が繁って景観も変わり、記憶とまったく違っていて見当もつかなくなっていたという。

森林組合に相談に行くと「場所や境界線が不明な山は作業できないし、補助金も申請できない」と言われた。ならば自分で境界線を確定しようと思い、隣接している山主を調べようとしたが、個人情報保護のため役所でも名前や住所は教えてもらえない。

森林の境界線は地権者が林内を歩いて痕跡を探し、記憶を頼りに調べて確定していく。

相続した森は、実質的に消えてしまった。木を伐ることも道を入れることも、売却することさえできない。毎年払ってきた固定資産税も無駄になってしまったという。

超アナログな境界線確定作業

森林に関した地図には、公図と森林計画図、地籍図などがある。公図とは明治期の地租改正の際につくられたもので、聞き取りだけでつくられたものも多いから信頼性は低い。集落で辻褄合わせをした場合や、あるいは税逃れのためわざと少なく申告したものが一般的とさえ言われる。だから面積はおろか形状も参考程度にしかならない。

自治体がつくる森林計画図（地番と所在や樹種、林齢などを記載）は、文字どおり林業などの計画を立てるために作成される。航空写真などを基に林相（森に生える木の年齢や樹種など）を読み境界を決めたものが多いが、これまた曖昧だ。実際の境界と何キロもずれていることも珍しくない。古い航空写真は解像度も低いのである。

確実なのは現地を測量してつくる地籍図だが、日本ではあまり地籍調査が行われていない。近年取り組み始めたが、それでも地籍調査の進捗率は国土の五二％（平成二八年度末）。森林部分は四五％となっているが、実はその多くが国有林である。民有林では進んでいないのが実情だ。民有林の調査面積が、ほぼゼロの自治体もある。

それに森林を実測すると、帳簿上の面積より広くなる「縄延び」や、逆に狭くなる「縄縮み」と呼ばれる状況が発生する。ときに二倍三倍、酷いときは一〇倍もの開きがあることも報告されている。登記時の推定がいい加減だったのだ。仮に測量して「縄延び」したら納税額が増える。それを恐れて測量を拒む山主もいる。

だから自分の所有する森林の所在や隣接地との境界線がわからなくなる〝事件〟は、全国各地で頻発しているのである。

そして相続後の未登記問題も大きく横たわる。仮に名義人の相続が一世代だったら数人に分散する程度だが、二世代目、つまり孫の代になってしまったら、何十人にもなりかねない。名義人が明治時代の曽祖父のままの森林も少なくないが、一体何人の相続人がいるのか見当もつかなくなっている。

また複数の人間で所有する共有林の場合は、最初から名義人が何十人もいて分筆していない。それが世代交代したら、何百人になるのか考えただけで気が遠くなる。なかには海外に移り住んだ人もいる。もし連絡をとっても、興味を示さず無視する人が一人いるだけで動かせなくなる。所有者が分散していると、それ自体が地籍調査や利用の足かせとなる。

それに輪をかけているのが、林業の衰退だろう。かつて財産だった森林が、今や利益を生まないどころか、納税や間伐などに金がかかるばかり。お荷物状態なのだ。これでは山主が所有を確定させる意義を感じない。

消えた森林をいかに探し出すか。実際にこの事業に取り組んでいる人に話を聞くと、驚くほどアナログで手間がかかるものだった。

まず登記簿のほか公図や森林計画図、森林組合の森林簿などを取り寄せる。市町村の林地台帳もある。集落によっては、独自に図面をつくっている場合もあるそうだ。これらを突き合わせながら、所有者や地元の山に詳しい人を交えて現地を歩く。そのための交渉も必要だ。歩いて境界線の記憶がよみがえればいいが、曖昧な場合は地形や植生の違い、伐採跡などから類推する。木を植えたり伐ったりした年代の違う土地は、所有者も違っていることが多いからだ。そして目印を探す。幹に書き付けがある場合はもっとも有力な証拠になる。こうして森の歴史をさまざまな証拠を積み上げて推理していくのだ。

境界線を確定したい山で昔働いていた人を現地に連れていこうとしたが、その人はすでに八〇歳を超えていて、山に登るのが困難だったケースがある。そこで現地まで道を入れたという。自動車で山奥の境界線近くまで登れるようにしたのだ。その山は、そこまでする価値のある山だったからだが、通常は不可能だろう。

さて、ようやく境界らしきところがわかったとする。そこですべきことは仮杭を打つことだ。最近はGPSで歩いたルートにポイントを落とし地図上に書き込むことができるので、それを使えば楽になったという。

だが、これで確定ではない。まだ片方の所有者が想定する境界線がある。確定させるためには、隣接地の所有者の同意を得なければならない。そのためには現地に立ち会ってもらわねばならない。そこで隣地の所有者探しを始めることになる。登記簿や地元の人の記憶から絞って、片っ端から当たって確認していくそうだ。

これも手間のかかる交渉である。所有者が見つかるかどうか、見つかっても近隣に住んでいるとは限らないし、森林に興味がなければ立ち会ってくれない。立ち会っても主張が食い違う場合もある。どうしても折り合わないと、最後は裁判で決着させることになるが、そこまでして境界線を確定したいと思うかどうか。費用も莫大になる。

森林経営管理法は救いになる？

ちなみに山主が費用を支払って、所在や境界線を確定するケースはほとんどないという。確定させてもコストに見合うだけの価値を見出せないからだ。そこで補助金を当てにせざるを得ない。各種補助金の中には境界線明確化事業を含めているものがある。その代わり、森林経営計画を立てて間伐等の作業を行うことが条件となる。

経営計画を立てるというのは林業を行うということだ。それは人工林でなければ無理だし、林齢もある程度揃っている必要がある。また一定面積が集まらないと不可能だ。

こう記しているだけで、絶望的な気持ちになる。実際は相続者間の人間関係もあるし、森林のある地元と疎遠になっていたら、調整などでもっと手間がかかるだろう。労力だけでなく、森林の知識や法律などにも詳しくないとできない。だから森林組合なども境界線確定事業には及び腰のところが多い。

二〇一八年に成立した森林経営管理法では、所有者不明の土地は、まず官報に公告して、地元自治体の勧告、そして知事の裁定を経て、自治体（市町村）が管理権を握ることができるようになった。そのうえで業者に委託して手を入れることも可能とし、道を入れ、間伐、あるいは主伐も行えるとする。これで少しは所有者問題を先に進められるかもしれないが、境界線の確定とは別である。また所有者不明だった土地で伐採などを行った後に相続者が名乗り出た場合、訴訟リスクもある。自治体がその危険を冒してでも実行する割合はそんなに高くないだろう。

日本の森は、実質的に何割かが消えてしまっているのである。

1. 諦観の林業現場

2 徒労の再造林と獣害対策

「伐ったら植える」。これは林業の鉄則とされてきた。木を伐るという行為は、林業的には収穫に当たるわけだが、その際に次の植え付けをしなければ、次世代の収穫は期待できなくなるからだ。そうした持続性のない収奪型林業は、近代以降は否定されている。

たまたま戦時中の林業政策について調べたことがあるが、軍需物資でもある木材は戦争遂行のため乱伐された。一九四四年には「決戦収穫案」という勇ましい名の増伐政策が取られている。ただ、その際にも再造林は義務づけられていた。伐りっぱなしはいけないという意識は根付いていたのだろう。だが、二一世紀に入ってからの林業現場では、その鉄則が危ぶまれる状況が広がっている。

とくに九州や東北では皆伐が進んでいる。山の木を全部伐ってしまうのだから、その後に再造林は欠かせない。おそらく伐採計画にも再造林は条件に含まれているはずだ。しかし、現実はどうか。

たとえば宮崎県では、伐採跡地の約八割を再造林しているという記載がある。だが現実に現場を見ると、かなり疑わしい。一カ所二〇ヘクタール以上、ときに一〇〇ヘクタールに届く面積が皆伐されているのだが、苗木が見えるのは、感覚的にはそのうちの一割か二割に思える。伐採時に開かれた作業道に近いところだけで、その奥にはいくら目を凝らしても苗木が植えられたように見えない。

補助金の関係で言えば、伐採してから三年ぐらいの間に植えるように決められているが、実行されたかどうかの検査はほとんど行われていない。早く植えないと土壌流出の心配も増す。林野庁の幹部は「伐採跡地のうち、再造林されたのは三割ぐらいだろう」と発言している。

植えたとしても問題はある。苗木は、その後世話しなければ枯れる可能性も高いのだ。温暖な九州では雑草も生えやすいが、伐採跡地に生える草は、苗木よりずっと生長が早い。すると苗は草に光を奪われる。土中の栄養も草が先に吸収してしまうかもしれない。結果的に、苗木は枯死するか生長が止まってしまう。だから植えて何年間は草刈り（下草刈り、下刈りと呼ぶ）を必要とする。しかし、放置されるケースが少なくない。

植えても根付くか疑問

さらに近年問題になっているのが獣害だ。山野に生息する動物が苗木に与える害である。最初の苗はウサギやノネズミがかじる。もう少し生長すればシカやカモシカが伸びた梢や枝の葉を食べてしまう。とくにシカの食欲は、植林地を全滅させかねない。数も爆発的に増えた。地表の草を全部食べられると、表土が剝き出しになり降雨によって土壌を流亡させかねない。

そのため植林した土地周辺に防護柵を築くようになった。もっとも植林地を柵で取り囲んでも一カ所破られると動物は中に入り、逆に植林地は餌場と化してしまう。シカは金網を体当たりで破ることもあるし、斜面の柵は飛び越えやすい。電気柵に触っても平気で越える例も報告されている。少々感電しても慣れてしまうらしい。

苗一本一本にツリーシェルター（写真参照。筒状の容器もしくは金網で苗木を覆うもの）をかける方法もあり、私も獣害対策としてはこちらの方が確実だと思うが、設置に莫大なコストと労力がかかる。資材を運ぶのも大変だし、苗一本ごとに設置するのは時間もかかる。またツリーシェルターの高さ以上に苗が伸びて梢が顔を出したら食われる。その際は継ぎ足さなくてはならない。また幹が太ってきたら外さないと、今度は容器が幹を締めて、木を傷める。この手間とコストをどう捻出するか。

獣に食われたら植え直す必要があるが、それを行う山主は少ない。

ツリーシェルター。設置には費用と手間が非常にかかる。

苗の調達も課題だ。現在、全国的に皆伐が進んで再造林面積は増えているが、肝心の苗の生産が追いついていないのだ。つまり植える苗が足りないのである。ちなみに、木の苗は畑でつくられる。苗床で二〜三年かけて樹長を三〇〜五〇センチぐらいまで育てて出荷する。

かつて一九六〇年代は年間三〇万ヘクタールぐらい造林が行われた時代もあった。一ヘクタール三

苗床。畑で2〜3年育ててから山に植える。

〇〇〇本植えたとすると、九億本の苗木を供給していたことになるが、今や生産されるのはその一〇分の一以下だろう。

植える本数を一五〇〇本くらいまで落とすようになった地域もあるが、苗の生産業者自体が減ってしまったから増産は難しい。自前でつくる林家(りんか)もいるが、少数だろう。また苗木は挿し木でつくるのか、実生(みしょう)の種子から育てるのかによって技術が違う。それは品質にも関わってくる。挿し木苗なら良質の母樹から取ればその品質を受け継ぐが、ときに劣勢品質の苗をつくってしまうこともある。実生苗は種子によってばらつきが出る。

加えて植える人も不足している。この仕事を好まない人が少なくないのだ。伐採現場のような機械を操る派手さはなく、賃金もさほど高くないからだろう。

通常は、春先に苗木をザックに数百本詰めて、それを担いで植林現場に登る。そして手にしたクワで穴を掘って苗木を植え付ける。このテクニックは地方によっていろいろあるが、一日五〇〇本くらい植えねば稼ぎにならないそうだ。

私も吉野で植林作業を体験させてもらったことがあるのだが、特製ザックの底に穴があいていて、そこに手を突っ込んで苗を抜き出す。次に、クワを斜面に打ち込み地面に切れ込みを入れて苗を挿し込む。その苗の根元を足で踏み込んで固める。これは「ひとクワ植え」といって、もっとも簡単な植え方だという。この姿勢は、前かがみであり、なかなかきつい。腰が痛くなる。地形や土質にもよるが、ほかにクワで深さ数十センチの穴を掘っていねいに植樹する方法を取っている地方もある。

植え付けが難儀なコンテナ苗

もっと早く、またいつでも季節を選ばず植林をできないか。そう考えて森林総合研究所が開発したのがコンテナ苗だ。

根が剝き出しの苗ではなく、細長いカップで土とともに育てている。いわばポット苗なのだが、通常のポットとは形状が違う。なぜなら通常のポットに苗を育てると根がポットの底でル

コンテナ苗。(写真提供:鳥居厚志)

ープしてしまいがちで、そうなるといくら広い土地に植えても根が広がらないのだ。そこでループにならない根を伸ばす仕掛けを施したのが、コンテナ苗である(写真参照)。

このコンテナ苗を植える専用の器具もあり、スコップの要領で地面に差し込み、苗を植えていくことができる。かがまないので、腰を痛めないという。欧米ではこの器具で一日三〇〇〇本植えるというが、それは平地や緩斜面だからだろう。また作業道が密に入って、車から苗を下ろしてすぐに植えられる条件下だからと思われる。

根に土が付いているから活着率はよくなる。そして季節を問わずに植えられる。植え付けは春と決まっていたが、いつでも植えられるから労働力の分散にも役立つ……。

と、そんな触れ込みなのだが、実際に手がけた人に聞くと、そんなに上手くいかないそうだ。そもそもコンテナ苗は運搬にものすごく手間がかかる。土の入った容器のまま山に運び上げないといけないからだ。車で運んだ苗を今度は植える山肌まで人力で運び上げるのが普通だ。裸苗なら一度に二〇〇～三〇〇本背負えるが、コンテナ苗だと五〇本が限界。容器や土の分だけ重いし、かさばる。そして苗がなくなれば、また作業道までもどって担ぎ直さねばならない。植え付けも、日本の山には石が多いため、容易には刺さらず掘るのに苦労するという。さらに裸苗より広く掘らないといけないから労力も増える。

作業員にとっては、一日何本植えるかで賃金を決める場合があるため、本数が落ちたら報酬も減ってしまう。手間がかかるのに賃金が減ったらやる気を失うだろう。だからコンテナから引き抜いて土を落として持っていくと聞いて笑ってしまった。

自慢の活着率も、そんなに高くなかったという報告もある。夏に植えて雨が少なかったら、やっぱり枯死することが多い。根を包んでいる土の量はわずかである。

もともと欧米では、日本のような大面積の一斉造林を行わない。コンテナ苗も伐採後に天然の稚樹が生えてこない小面積地に使われる。つまり大面積造林に向いているのかどうか、まだ検証されていない。また苗代や植え付けの効率も含めて本当にコストダウンになるのかも確認されていない。

篤林家に言わせれば、苗の選び方、植え方によって、その後数十年間の森づくりが左右される。不確かな苗では将来が不安だから、安易に使う気がしないという。植える苗の質や植え方を吟味しなかったら、将来に大きな禍根を残すかもしれない。

3 森を傷つける怪しげな「間伐」

間伐の目的を誤解している人が多いことを第一部に記したが、少し原点にもどって考えよう。本当に間伐は必要なのか。もちろん木材の収穫という点では意味があるのだが、巷間言われるように、本当に間伐をすれば森は美しくなり、残した木々は元気に育つのか。さらに二酸化炭素の吸収量は増すのか。

これらは科学的に見れば、極めて曖昧なのである。

まず戦前の林業地で間伐作業を行っていたところは少数である。少数の例外を除くと、多くの林業地で苗を植えた後放置していた。つまり無間伐。間伐作業が根付いていたのは奈良の吉野のほか、京都の北山などわずかな林業地だけだった。それが大きく変わるのは、戦後になってからだ。

また間伐を行うかどうかは、戦前と戦後の植栽本数の違いも大きく関わる。戦前の造林事業では、苗の数は一ヘクタール当たり一〇〇〇～一五〇〇本くらいの地域が多かった。五〇〇本という疎植の林業地もあった。これぐらいの本数だと、苗の間隔が広くて間に雑草雑木は生えるものの、樹種が違えば樹高も枝葉の広がり方も違う。早く伸びて早く枯れる木もあれば、薄暗い木陰でゆっくり育つ木もある。たとえ苗が立ち枯れても自然界の営みだと捉えた。これを「自己間引き」効果という。ようは放置して自然に任せる粗放林業である。

しかし戦後の造林推進策の中ではヘクタール当たり三〇〇〇本植えないと補助金が出なかった。密に植えると樹木は横に広がれずに上へ上へと伸びるのでまっすぐな幹になりやすいという材質を考えた植林法だ。木材不足から価格が高騰し、粗放な林業より手間隙（ひま）かけて良質の木材を育てた方が高く売れるという見込みがあったからだろう。

そして間伐は、だいたい二〇年目ぐらいからとした。五〇年生に育てるまでに二回か三回行う。間伐率は三〇％以上。約三割を伐るのだ。これは強度間伐と言えるだろう。

この造林・間伐方式どおりに地元の人々たちが実行していればよかったのだが、結局間伐はあまり実施されなかった。間伐の必要性が浸透していなかったことが大きい。

密植した苗をそのまま放置すれば、林内は真っ暗になる。すると林床（りんしょう）に草が生えなくなるため、降水時に土壌が流されやすくなる。土壌がなければ植えた木の根がしっかり張れないため、枯れたり倒れたりする。さらに山崩れなど、防災の観点からも問題だ。

無茶な間伐が森を傷つける

そこで林野庁では知識・技術のない林家向けの間伐の指針づくりを始める。その会議に参加した学者は、林野官僚が「右端からでも左端からでもいい、林縁から三列目なり四列目なり適当な何列目かごとに樹列を等間隔に間伐していく。これなら選木能力のない素人でも間伐できる」と提案したのを聞いたそうだ。なんとも乱暴だが、この方法がそのまま採用されて「列状間伐」と名付けられた。

ある意味、間伐の知識も技術もないにわか林家に対する苦肉の策ではあるが、その後の日本の間伐方法の主流になってしまった。

これは樹木の質を見ずに間伐するので「定量間伐」と呼ぶ（本来の間伐は定性間伐）。人工林は苗を列状に植えているから、二列残して一列を伐るのなら三分の一（間伐率三三％）、三列残して一列伐るのなら間伐率二五％である。間伐率から伐る列を決めるのだ。おかげで「列状間伐」は「劣惰間伐」という悪口も生まれるのだが……。ただ列状に間伐すれば、その列部分が広く空間があくから、伐採した木の搬出に便利な面もあった。

列状間伐地。材質を選ばないので森林の劣化につながると指摘される。皆伐地からの木材の搬出にも使われた。

国が推進したのは、列状間伐とともに切り捨て（保育）間伐である。切り捨て間伐は搬出する技術も手間もいらない。経費もほとんど補助金で賄うから懐も痛まない。

だが切り捨ては倒す木に対する気遣いの必要がないため、乱暴な作業になりがちで、倒した木がぶつかって幹に傷がついたり、掛かり木（伐った木が隣接する木々の枝などに引っかかって地面に倒れずにいる状態。非常に危険なうえ、かかった木にも悪影響を与える）を引き起こす。これでは残した木を含めた森林全体の価値を落としてしまう。

こんな間伐では、とても森がきれいになるとは言えないだろう。

一方で「涙間伐（なみだ）」という言葉もある。これは山主が「せっかく育てた木なのに伐るのはもったいない」という意識を持つため、十分な本数の間伐を行わない状態を指す。間伐に選ぶのは、枯れた木、生長が止まった木、細くて生長の悪い木などだけで、それも悲しくて涙を流しながら間伐するという意味だ。

しかし残す木の背が高ければ間伐後の光環境は全然変わらない。林内は薄暗いままだ。光が差し込まなくては地表に草も生えないし、残した木が枝葉を広げて生長することもない。無意味な間伐なのである。

銘木級の大木でも間伐材

全国森林組合連合会では「間伐材マーク」というものを広めている。

ホームページには「間伐材マークとは、間伐や間伐材利用の重要性等をPRし、間伐材を用いた製品を表示する間伐材マークの適切な使用を通じて、間伐推進の普及啓発及び間伐材の利用促進と消費者の製品選択に資するものです」と説明する。木材商品にこのマークのシールを付けることで、この材料は間伐材だから森林を破壊していません、と世間に言い訳するために考え出したものだ。ところが、結果的にマークが間伐材のイメージと価格を落としてしまった。

第1部で世間は保育間伐と利用間伐を区別せず、「間伐は保育のために劣勢木を伐ること。だから間伐材は質の悪い木材」「質の悪い間伐材は安くて当然」という発想に陥っている……

と記した。しかし間伐材マークは、たとえば八〇年生の直径五〇センチを超えるような大木にも付けられている。たしかに間伐材なのだろうが、それらは一般の五〇年生、六〇年生の木よりはるかに太くて質もよい銘木級の木なのだ。情けない気持ちになってしまった。

I．諦観の林業現場

4 機械化こそ高コストの元凶

今や日本の林業は低コスト化が最重要課題になっている。木材価格が下落し、利益を出すにはコストを抑える必要があるからだ。とくに伐採と搬出にかける費用を落とすことを推進している。

本来の林業のコストとは、植える前の作業からスタートして、植えて育てての数十年の間に費やしたコストを含めないといけない。また利益を出すには木材価格の引き上げも課題となるはずだが、それらの点には眼を向けず伐採搬出コストだけを下げることに狂奔している。

そこで行われるのが、機械化である。これが曲者だ。

これまでの日本林業で機械化といえば、せいぜいチェンソーの導入と架線集材ぐらいだったのだが、海外に眼を向けると林業の専用機械が多く導入されている。とくに車両系が多く、自分の足で山を歩かずに、機械に乗ったまま伐採から造材（枝を落とし長さを揃えた丸太をつくること）、搬出まで行えるのが現代の林業と言われた。

そこで多くの林政担当者や林業家自身が欧米に視察へ行き、機械化こそ日本林業の低コストの鍵とばかりに、グラップル、フェラーバンチャ、プロセッサ、ハーベスタ、フォワーダ……（それぞれの機械の機能や能力についての説明は省く）など多くの林業機械が導入されるようになった（図表2－1－4参照）。こうした機械類を「高性能林業機械」と呼ぶが、たしかに人がやっていた伐採搬出作業の何倍何十倍もの生産性がある。

ただドイツやオーストリア、北欧などの林業専門家を招いて日本の林業現場を視察指導してもらうと、自慢（のつもり）の高性能機械を見た海外の専門家が、「この機械は私たちが四〇年前に使っていたものだ」と感想を漏らしたという話も伝わってくる……。

2-1-4｜高性能林業機械の保有台数の推移

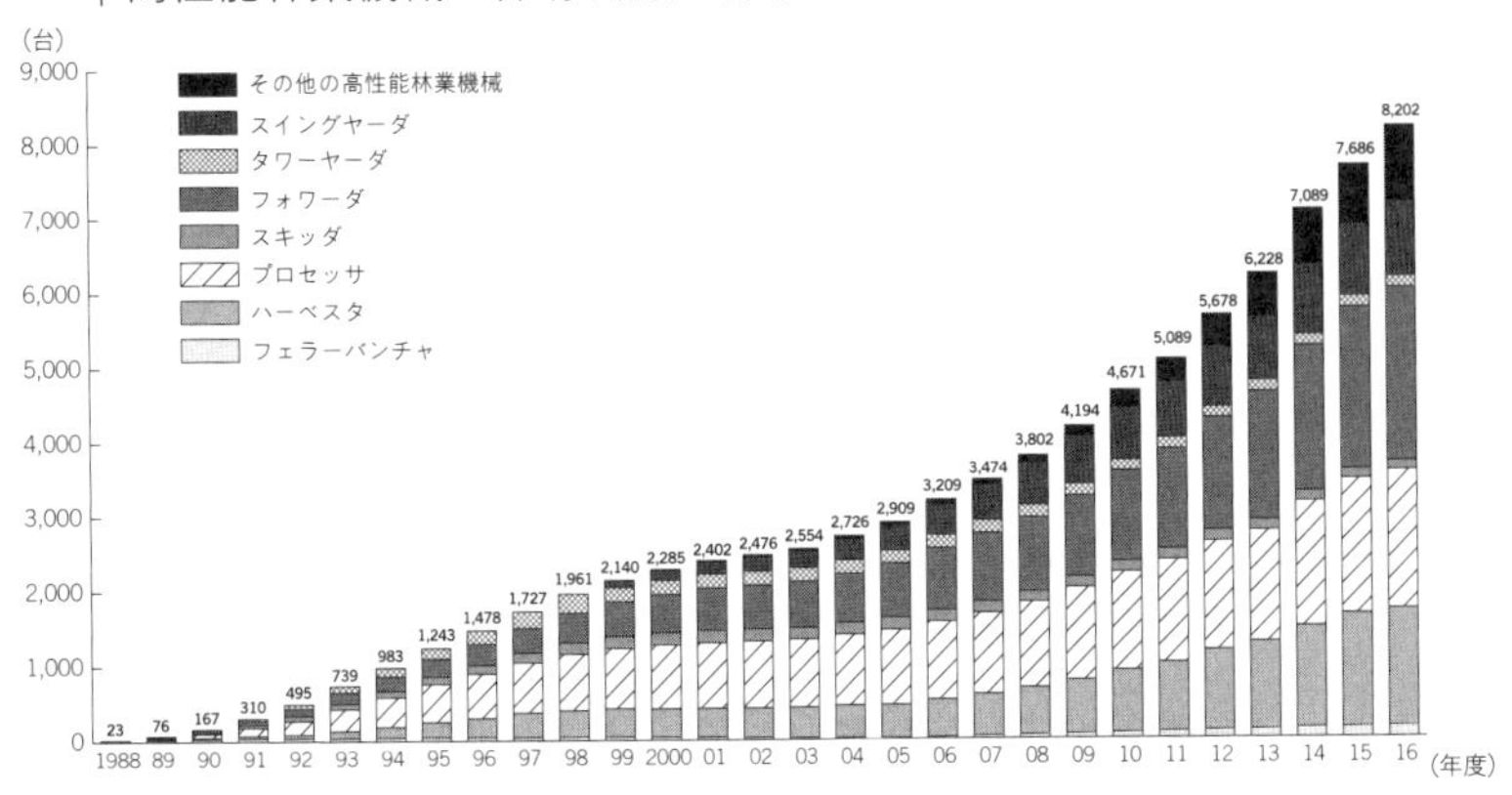

［注1］林業事業体が自己で使用するために、当該年度中に保有した機械の台数を集計したものであり、保有の形態（所有、ほかからの借入、リース、レンタル等）、保有期間の長短は問わない。

［注2］1998年度以前はタワーヤーダの台数にスイングヤーダの台数を含む。

［注3］2000年度から「その他の高性能林業機械」の台数調査を開始した。

［注4］国有林野事業で所有する林業機械を除く。

資料…林野庁「森林・林業統計要覧」、林野庁ホームページ「高性能林業機械の普及状況」

出典…平成29年度森林・林業白書

それはともかく、大型の機械を導入することで本当に低コストにできるのか。

増大するランニングコストが経営を圧迫

まず機械そのものの代金が当然ながらかかる。乗用の高性能林業機械には、一台で数億円もするものがざらにある。安くても数千万円だろう。アームの先のアタッチメントと呼ぶ作業部分で樹木の幹をつかんで、伐って、枝を払って……などの作業をするわけだが、ここ（アタッチメント）が精密機械レベルなのだ。しかも、一台だけ導入しても効率は上がらない。道づくり、伐採、搬出……それぞれの専用機械をセットで揃えないとボトルネックができてしまう。

普通に考えたら、木材生産で得られる利益から高性能機械を導入するのは、まず不可能だろう。木を伐って出すだけで赤字だと言っているのだから。

それでも導入できるのは、ようは補助金が存在するからである。さまざまな補助金を使って高価な林業機械を購入しているのだ。これを低コストと言ってよいのか？

仮に高価な林業機械の購入費は目をつぶるにしても、その運用費も問題となる。

まず機械を動かせば、当たり前だが燃料費がかかる。消費する燃料の量がハンパではなく、たいてい毎月数十万円以上になる。大馬力ゆえ燃費は非常に悪い。さらに心配なのは修繕費だ。林業現場は不測の事態が常に起きる。足場も悪いし、ときに岩にぶつけたりもする。従事者には機械修理の技術も要求されるが、現場では如何ともしがたい故障もまま起きる。毎年修繕費に数百万円を計上することも珍しくない。仮にアタッチメントを丸ごと交換となると、それだけで何千万円もかかる。

こうしたランニングコストを考えておかないと利益を出すことはできない。

それに機械がなんでもできるわけではない。たとえばハーベスタという機械は、アームで立木をつかんで伐り、そのまま枝を落とし丸太にして運ぶことができる万能機械だが、伐採する木が太くなりすぎたら対応できない。伐った木の重量が重いとハーベスタ自身が支えられなくなるのだ。下手すると転倒する。つまり、適切な太さの材が大量にあれば高性能を発揮するが、

木材を運搬するフォワーダ。高性能林業機械はランニングコストが高いため、稼働率を上げねばならない。

バラバラだと作業効率が落ちてしまう。

オペレーターの腕も磨く必要がある。これは、古い林業技術とはまったく違う技術だ。人によって向き不向きもあるだろう。操作が下手だと残す木にぶつけて、傷をつけてしまうこともある。いや、機械そのものを道から脱線させたり転倒させたりするケースもあり、乗員の命に関わるうえに、数千万円の機械をあっさり失うことも起きかねない。

仕事量を増やさないと効率減

もう一つ重要な点がある。高性能で生産率が高いということは、一人でこなせる作業量が多くなるということだ。

だから低コスト化につながるように思われるが、そのためには作業を行う現場が十分になければならない。

たとえば、これまでチェンソーで伐採してウインチで引っ張り出し、トラックに積み込んで運び出す作業で、一カ月かかる面積の現場があったとする。それが、高性能林業機械をセット（伐採、造材、搬出など各機械）で導入すると一週間で仕事が終わるかもしれない。作業効率は四倍……と自慢したくなるが、あとの三週間は遊んでよいわけではない。機械を寝かせると、生産性が落ちる。休みなく動かせて初めて効率が高まった（低コストになった）と言えるのだ。すると四倍の作業現場が必要となる。

仕事の効率を高めれば、それだけ伐採面積が増えることになるが、幸か不幸か日本の林業現場はそんなに大規模ではない。森林面積はそれなりにあっても所有者と林齢がバラバラで、五〇年生のスギ林の隣接地は、まだ二〇年生かもしれない。すると連続して作業するのは難しい。場所を遠くに移すとなれば、移動に時間を要するだけでなく、新たな現場まで道を入れる必要も出てくるだろう。そのコストが膨れ上がる。

結局、機械化は大面積の作業地を必要とする。しかも小規模な林地をまとめて大面積を確保するためには、所有者との交渉が欠かせないし、その手間と労力が馬鹿にならない。不在山主も少なくないし、まったく林業に興味がなく非協力的な山主もいるだろう。

とはいえ機械化が推進される理由は、低コスト化だけではない。何といっても重くてかさばる原木の運搬や伐採など危険な作業を乗用機械で行えば、従事者の安全にもつながる。機械を動かすだけならば、体力をあまり要求されないので、非力な人、たとえば女性でも可能になるし、機械によっては運転席が冷暖房完備だから快適な労働環境を与えることにもなる。

安易な道づくりが山を壊す

機械化と対になって進められているのが、道づくりだ。とくに車両系の林業機械を現場に入れるためには道づくりは欠かせない。一般に林道というが、林道は、森林法に基づいて設置される道のことで、道路法や道路の構造に関する法令の枠外にある。概して一般の道路より安上がりにつくられている。加えて作業道と呼ぶ林内に乗り入れるための簡易な道もある。対象とする林木に機械のアームが届く距離に入れる道のことだ。ときとして人が歩くことは想定せず、重機のみが通る道として開設する場合もある。作業（主に伐採）期間だけ使い、その後は自然に返す（放置する）という。

林道、作業道のつくり方は、平地に土建業者が道を建設するのとは全然違う。地質が軟弱だったり、強固な岩盤があったりするかもしれないし、水脈が走っていることもある。何といっても斜面だ。地盤を削ったら崩れやすくなる。削った土を盛る作業も、土の固め方が重要で、山の道はいかに崩れないようにするかがポイントになる。それを市街地で道づくりを行ってい

作業道を入れたために、山の崩壊を招くことが多い。

た業者が同じ感覚でやると崩壊を招き危険である。山に道を入れる場合は、山の斜面を削る一方で、下方に盛り土もする。加えて、道の傾斜角度も車両が登り下りできなくてはならないし、重量物が通るのだから固めておかないと路面が沈下する。

そして仕事の効率をアップするのに非常に重要なのがルート設定だが、それは同時に山の環境にも大きく影響する。地質によっては道の開削が山の崩壊を招きかねない。とくに法面（のりめん）（垂直に削った面）の高さと、路面に流れる水の処理が重要だ。できるだけ法面を低くし、水はけをいかに行うか。さらに沢を渡る部分の水の捌（さば）き方も大切だ。路面の水を排するにも側溝を設ければよいだけではない。側溝の水を下斜面に放出したら、大きく山を削りかねない。

法面の保護も重要だ。山肌を開削（かいさく）した場合、道の上部には法面ができるが、一般道ならそこをコンクリートで固めるか緑化する。しかし作業道では剝き出しのままだ。

だから、基本的に法面の高さは一・五メートル以下に抑えないと崩れるとされる。しかし、現場を歩くとその基準を守っているところの方が少ない。ほとんどの作業道は一・五メートル以上、なかには五メートル以上の法面が剝き出しのままというところもある。こうした道は時とともに確実に崩れるだろう。

それに森に道を通す場合、資材はできる限り山で調達する。現場にある石や切株を利用して崩れない道をつくるには、やはり特別な知識と技術がいるのだ。一方で削った土砂は盛り土に使い切らないと、無駄に積み上げては災害を引き起こしかねない。

そうした路網開削技術とともに求められるのは、コスト意識だ。ていねいにつくればつくるほど莫大な金がかかる。林内に走る林道・作業道の総延長は、小規模な林業現場でも何キロかになる。仮に一メートル一万円なら数千万円だ。すべて山主が負担するのは難しい。そこで補助金を利用して道を入れることになる。結局は税金が投入されないと機械化は進まない。しかも国の規定は、概して幅広の高価な道をつくらせようとしている。

また道にはメンテナンスが欠かせない。大雨の後は必ず見回って危険個所を早急に補強すべきだ。さもないと大災害につながる。しかし、そうした経費に補助金は出ない。

それでも低コストなのか？

補助金で高性能林業機械を導入し、補助金で作業道を密に入れた森林組合の中には、稼働日数が極端に低いところがあった。年間数日なのだ。実は、ずっと機械を倉庫に眠らせているそうだ。オペレーターの養成も進まず、動かせば燃料費がかさむ。そして作業する面積が確保できない……。眠らせて平然としていられるのは、身銭を切っていないからだろう。

付け加えると、機械化と道づくりは莫大なエネルギーを消費する。その大半が化石燃料だ。その燃焼では森林が固定していた炭素の量を上回る二酸化炭素を排出する。機械化林業は地球環境に優しいとは言いにくい。

低コスト化の切り札のはずの林業機械を導入したことが、経営を圧迫してしまう例は少なくない。高価で高性能な機械を運用するなら、稼働率やランニングコストまで綿密に計算して計画を立てないと逆効果になりかねないのだ。

素材生産業者が開削した作業道。法面の高さが5メートルを超えるところが少なくなく、崩壊の危険性が高い。

5 騙し合いの木材取引現場

以前、某県で伐採搬出を業とする人々と原木を製材や集成材などに加工する業者が、一堂に会する現場に呼ばれたことがある。両業界がともに協力し合う協議会の発足をめざす集まりであった。会場には県知事も出席して挨拶するほど力が入っていた。

当時の私は、そうした協議会を立ち上げることがどれほど大変なことか、イマイチわかっていなかったと思う。

驚いたのは、その際に伐採搬出を行う会社の社長の一人（たしか協議会の理事を務める予定の人ではなかったか）が行った挨拶である。初っぱなに言ったのは「なぜ、我々山側の人間と製材側の人々は仲が悪いのでしょう」だったのだ。

もちろん挨拶だから、「今後は手を取り合って業界振興のために頑張りましょう」と締められたのだが、あえて自嘲的に口にするほど両業界は仲が悪かったのである。

一般に世間は両業界をそんなに区別しないだろう。むしろ「林業の不振」と言った場合、山の仕事と製材業者を一緒に考えることが多い。そして両者が協力し合うのは当たり前と思ってしまう。ほかの業界を想定してみればよい。たとえば繊維業界とファッション業界の仲が悪い状態は想像しにくいだろう。

だが、林業界はそんなに甘くはなかった。山側の人からすると、せっかく育てた木材を収穫（伐採）したのだから、高く買ってほしいと思うのは当たり前だ。一方で製材業者からすると、木材は質がバラバラで同一製品にしづらい。製材品の価格は常に上下するうえ、確実に売れる保証はない。それだけに原木の買取価格はできるだけ安く抑えたい。だから原木を安く買いたいのである。

つまり利益が相反するわけだ。林業家からすると、長年育てた木を買いたたかれると腹が立つ。出荷する意欲も落ちる。製材業者からすれば出荷が安定しなければ工場の稼働率にも響く。そんな両者の疑心暗鬼が渦巻いていたのだ。

私は、木材市場で競りに参加している業者に根回しして、入札価格をみんなで下げる業者がいる話を聞いた。つまり競り上がらないようにして、安価で落札するためだ。これは厳密には

木材市場。近年はセリにかけても価格が上がらず、反対に買い手がつかないために価格が下がっていくケースも見受けられる。

談合と同じ違法行為だ。

出荷する方はたまったもんじゃない。かといって市場に運び込んだものを引き上げるには、また運搬料も手数料もかかるわけだから泣き寝入りせざるを得ない。長年育ててよい品質の材を出せたと山主が思っても、それに応える値が付かなければ落胆もするし、現実に経営は厳しくなる。

さらに複雑なのは、山主と素材生産業者（伐採搬出業者）の間にも断絶があることだ。山主は自分の山に植林して、その後も長く育林を続けて多くの金をかけている。ただ伐採や搬出は自分でできないので、専門である素材生産業者に任せるわけだが、木材価格が安くなっているため、木材を売却した利益だけでは伐採搬出費用を賄えなくなってきた。

それを穴埋めする補助金がある。国や自治体の制度を上手く利用すると、間伐なら費用の何割か（七割ぐらいまで）は補助金で賄える。もっとも見積もり金額を多めに計上したり、仕事を予定より早く終えたりすることで、実質ほとんど補助金で賄えるという声もあった（これも違法かもしれない）。

これらの補助金は、伐採等を手がける業者が受け取るのが通常だ。つまり、彼らは損をすることはない。ところが山主は、長い年月をかけてきた森づくりの費用を回収できない。たとえば五〇年間育てたスギ林何ヘクタールかを全部伐採して木材を販売し、さまざまな費用を差し引くと手元に残ったのは一〇〇万円足らずだったら、年間二万円以下の利益しかない計算になる。しかもこの利益には育林コストは入っていないから、それを差し引くと完全に赤字だろう。さらに伐採跡地の再造林コストも含まれていない。

製品価格は上がっても利益は減少

木材製品（スギ正角材）価格の構成を示したグラフを見ると、一九七五年の製品の立方メートル単価は約六万円だが、うち立木単価は三万円ほどだった。つまり半分は山主の取り分である。残りを原木供給段階（素材生産業者）、製品供給段階（製材等加工業者）で分けていた。ところが、その後製品価格はどんどん下がり、四万円を切るまでになった。その場合も原木供給段階と製品供給段階の取り分はあまり減っていない。減ったのはほとんどが山主分なのだ。同じことは欧米の価格構造と比べても言える（図表2-1-5丸太価格におけるコスト比較参照）。

もう少し別の数字で見てみよう。スギの立木価格（一立方メートル当たり）は、一九九四年が三七二〇円だったのが二〇一六年は八四〇〇円と五分の一に下落した。製材品価格も下がっていたが、近年は徐々にもどってきた。（一本の立木から生産される）スギ製材品価格は九四年で八四八〇円だったのが一六年は七八三〇円。山主が受け取れる額（立木価格）は、かつて製品価格の四割以上だったが、今や約一割になってしまった。植林や育林費用、そして伐採後の再造林費用を考えると、確実に赤字だろう。

これでは山主もやっていられない。その恨みは伐採搬出を行った業者や組合、そして製材などの木材産業側に向けられることになる。

見方を変えると、材価の下落分を山主にかぶせることで、素材生産業と製材加工業は利益を確保し生き残れたということになる。

2-1-5｜丸太価格におけるコスト比較

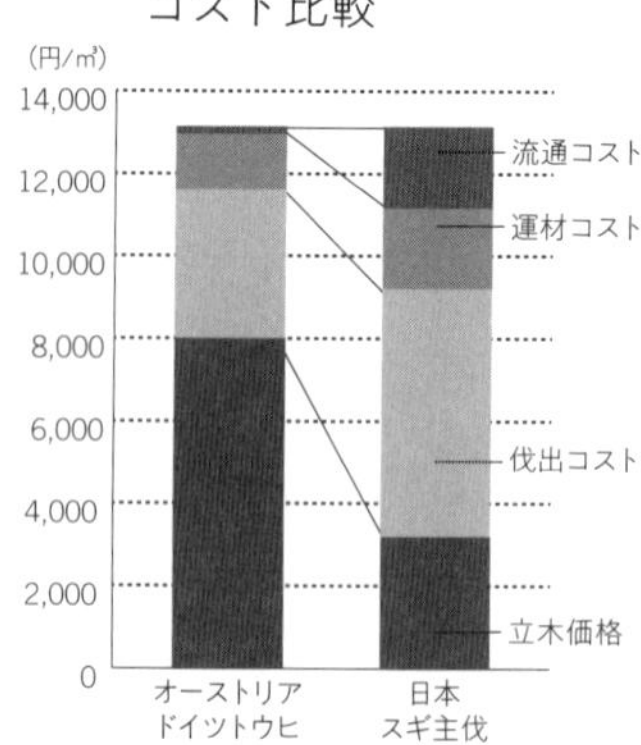

資料…久保山裕史（2013）森林科学、No.68:9-12.に基づき試算。
出典…平成29年度森林・林業白書

2-1-5 | 日本の丸太と製材価格の推移

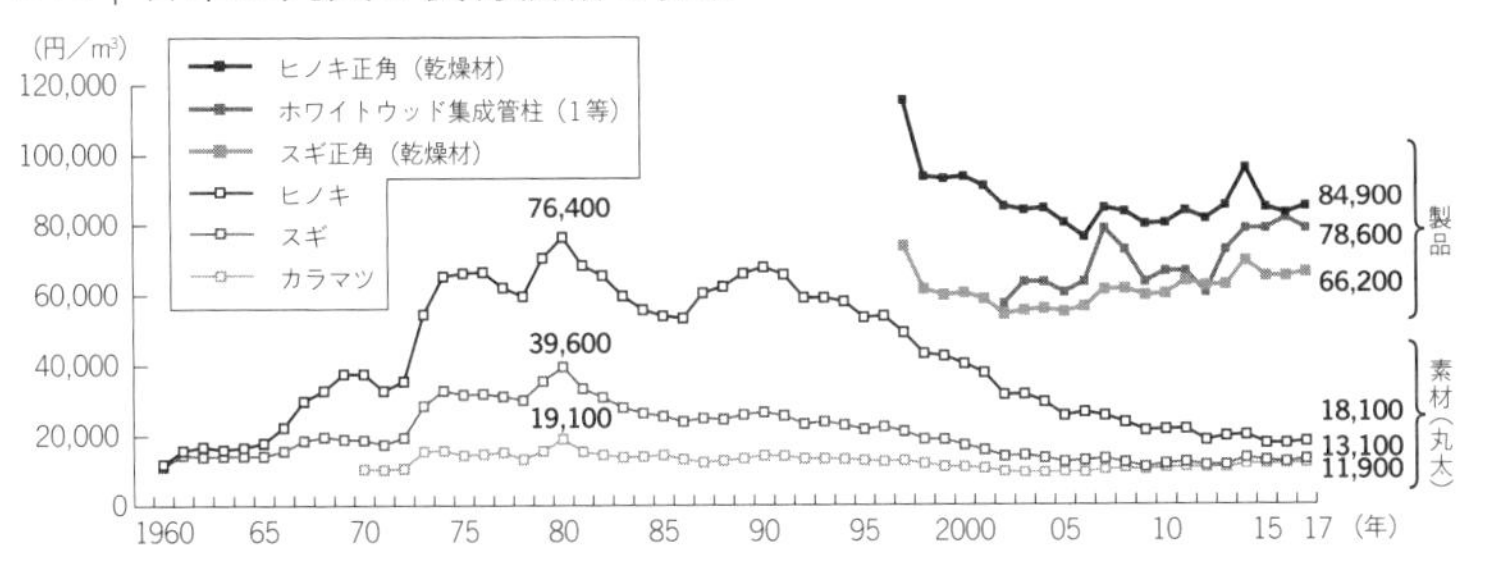

［注1］スギ中丸太（径14～22cm、長さ3.65～4.0m）、ヒノキ中丸太（径14～22cm、長さ3.65～4.0m）、カラマツ中丸太（径14～28cm、長さ3.65～4.0m）のそれぞれ1m³当たりの価格。

［注2］「スギ正角（乾燥材）」（厚さ・幅10.5cm、長さ3.0m）、「ヒノキ正角（乾燥材）」（厚さ・幅10.5cm、長さ3.0m）、「ホワイトウッド集成管柱（1等）」（厚さ・幅10.5cm、長さ3.0m）はそれぞれ1m³当たりの価格。「ホワイトウッド集成管柱（1等）」は、1本を0.033075m³に換算して算出した。

［注3］2013年の調査対象等の見直しにより、2013年の「スギ正角（乾燥材）」、「スギ中丸太」のデータは、2012年までのデータと必ずしも連続していない。

資料…農林水産省「木材需給報告書」、「木材価格」

出典…平成29年度森林・林業白書

本当は立木価格が安くなったら木材生産は鈍くなるべきだろう。それで木材流通量が減ると丸太や製材の価格は上がる……という市場原理が働くはずだ。しかし現実には補助金があるので市場原理は働かず、業者は自分たちの仕事を得るために伐採を行う。木材価格が安くなったら、余計多く伐って量で稼ごうとする。製材側も補助金で必ず木材が供給されると読むから価格は上げない。仮に天候などの理由で作業が遅れて供給が滞っても、丸太価格はなかなか上がらないのが現実だ（図表2－1－5日本の丸太と製材価格の推移参照）。価格は買い手優位で決められる構造になっているのである。

伐採業者にとっては丸太価格が下がろうと労働費用は補助金で保障されているから、伐採すれば利益を確保できる。価格が下がった分は、山主の取り分を削るのだ。それでは低コスト化する努力につながらない。だから生産性も上がらない。結果的に山主が受け取るべき利益ばかりが細っていくのである。

山主を食い物にする建築家？

建築側との関係にも疑心暗鬼が潜む。以前「顔の見える木材での家づくり」というのが全国に広がった。ここで「見える顔」とは、山主のことだ。ハウスメーカーやビルダー（地域の工務店）が手がける家づくりの場合、使用する木材がどこの山から来たのか建主はわからないことが多い。その手前の材木店やプレカット工場だって知らないのがほとんどだ。長くて複雑な流通によって木材の育った山の情報が伝わらないのである（図表2－1－5一般的な木材流通参照）。

そこで山と製材所、工務店、建築家（設計士）を結んで、お互いの顔を見えるようにしようというわけだ。そして建主も巻き込む。ときに建主を山に招いて自分の家になる木が立っている山を見てもらう。木を伐るところを見学したり、建主に自ら木を伐ってもらうイベントを行う。さらに製材工場も見学する。自分の家の材料となる木材を知ってもらう試みである。

こうして、外材ではなく、近くの山の木（国産材）で家を建てようという運動として広がった。そのための「顔の見える家づくり」のネットワーク組織が各地でつくられた。

これらの会を主導したのは、多くが建築家だった。国産の木で家を建てることを標榜（ひょうぼう）し、林業振興や山の健全化にも関わろうという意欲から行われたのである。

おそらく全国の都道府県に一つや二つはそうしたネットワークが結成されたのではないか。私もそのうちのいくつかを取材している。その際に私は必ず「山の木をいくらで購入しているのですか」と尋ねた。

すると驚いたのは、ほとんどが「そのときの市場価格で」と答が返ってきたのである。つまり木材市場の価格に合わせて買取価格を決めたというのだ。

市場に出すのと同じ価格では、山主の取り分が増えないではないか。ネットワークに参加することで山主の取り分が増えてこそ、山の健全化に役立つ。国産材を使っていますよ、その木が育った山はここですよ、と言って建主を喜ばせるのはよいが、それは国産材で住宅を建てた

2-1-5｜一般的な木材流通

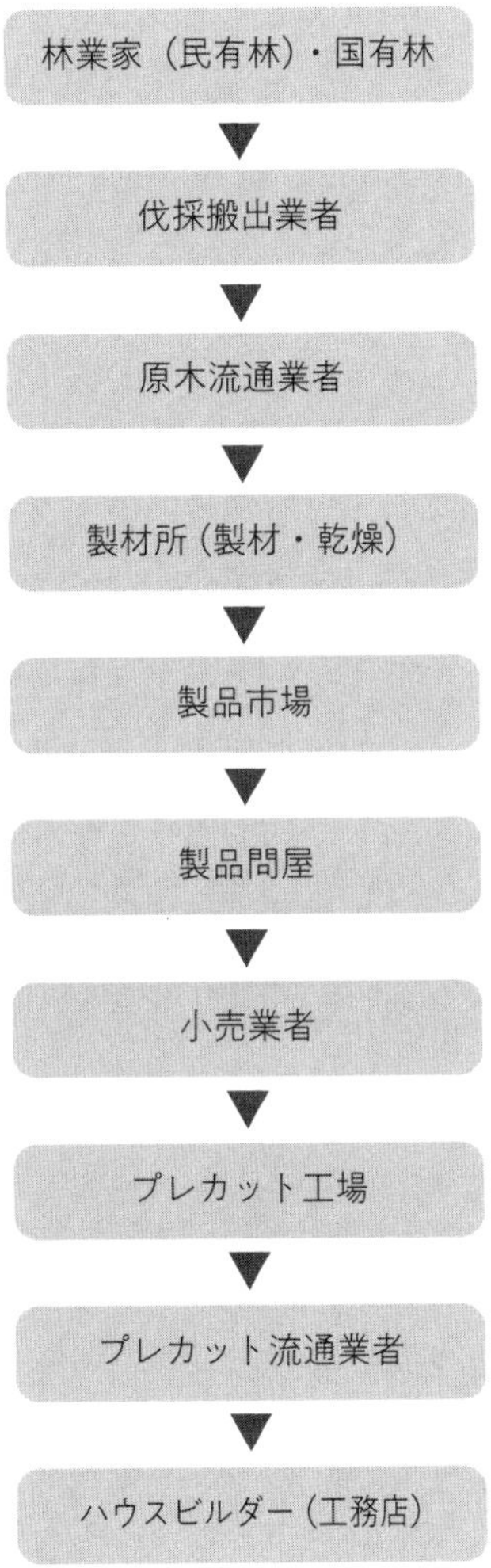

林業家（民有林）・国有林
▼
伐採搬出業者
▼
原木流通業者
▼
製材所（製材・乾燥）
▼
製品市場
▼
製品問屋
▼
小売業者
▼
プレカット工場
▼
プレカット流通業者
▼
ハウスビルダー（工務店）

著者作成

い建主を獲得する営業効果はあるにしても利益の適正配分にはつながっていない。悪く言えば建築家の販促活動に山主が体よく利用されただけである。

それだけが理由ではないだろうが、その後ネットワーク型の家づくりの会の多くは瓦解した。ほとんど機能しなくなったのである。山主も協力する意欲を失ったのだろう。なかには会を主導した建築家に呪詛（じゅそ）をもらす山主もいた。現在も続いているところは、主催者が山主を含めて利益を適正に配分する仕組みをつくれたところだけだろう。

いずれにしろ、山主、伐採業者、製材業者、工務店、建築家……みんながバラバラで利益を奪い合っているのだ。

既存の利益構造を壊して相互に協力する形にするのは至難の業である。仮に山主・製材会社・工務店などの担当者が個人的な人間関係を築いても、それが長続きする保証はない。担当者が代わったり、自社の利益を優先したくなる理由が生じたら瓦解するだろう。そんな疑心暗鬼の中でビジネスを行うのは不幸だ。

「囚人のジレンマ」というゲーム理論のモデルがある。ある犯罪で二人が捕まり、それぞれがいかに振る舞うのが最適解かを考える命題だ。自分だけが犯行を自白すると、自分の罪は軽くなる一方で共犯者の刑が重くなる。共犯者も自白すると両者とも刑を受けるが、若干減刑される。自分は黙秘したのに共犯者が自白した場合は、自分の刑だけが重くなる。両者が口をつぐみ続ければ、二人とも釈放される可能性もある。ただ共犯者と意思疎通はできないから、相手の心を読みつつ、自白か黙秘か、自らの選択を考えねばならない。
林業関係者は、まさに同じようなジレンマに陥っている。

Ⅰ．諦観の林業現場

6 事故率が15倍の労働環境

林業を新たに始める人、始めた人が増えている。新規参入者が毎年一定数いて、全体に伸び調子だ。林業が儲かるビジネスだと判断したり、逆に環境を守る仕事という思いを持っていたり。自然の中で働きたい、田舎暮らしの手段……理由はなんでもよい。人手不足が深刻化している中で、参入者が現れるのは悪いことではない。それを後押しする国や都道府県、そして全国森林組合連合会による「緑の雇用事業」（研修と補助制度）などが、林業界への就職を推進している成果だろう。

ちなみに、二〇一五年時点の林業労働者数は四万五四四〇人。もはや大企業一社分にも足りない数である。しかも五年前と比べて約一割減っている。やはり高齢による引退が多いのだろう。その穴埋めには足りないが、三五歳未満の労働者は約七六〇〇人と増加傾向にあり、若年者率が上昇している。

私が気になるのは、彼ら新規参入者がどんな教育を受けているか、という点だ。

林業事故の発生は、多くが伐採や倒した樹木の集材中の事故だ。これらの作業は、何かと危険が多い。なにしろ刃物（とくにチェンソーや刈り払い機など動力系）を扱ううえ、自然が相手なので毎回条件が違う。舞台となる山の斜面の傾斜や地形もさまざまなら、生えている木々の太さ、樹種、形状も違う。一見同じようなまっすぐな幹と思っていても、微妙に傾きがあったり内部の木繊維がねじれていたり、枝の大きさや斜面の方向によって重心が変わってくる。

とはいえ、どれほど危険なのか部外者はピンとこないだろう。そこでこんな統計データを見ていただきたい。

平成二九年の統計で、労働災害千人率（一〇〇〇人のうち何人の死傷者がいるか）で見ると、全産業の発生率が二・二なのに対して、林業は三二・九だった。全産業平均の一五倍近いのである。死傷者は一三一四人、うち死亡者数は四〇人である。林業従事者の三％近くが一年の間に重大事故にあっているのだから、リアルに事故にあう確率の高さを感じないだろうか。

なお怪我の場合、カウントするのは労災保険が適用される休業四日以上のケースである。三日以内の事故による怪我を入れたら、人数は何倍にも膨れ上がるはずだ。また休業しない程度の軽傷もあるだろう。それらを含めたら全体の何割に達するのか。

この数字は、ほかの産業と比べてもずば抜けて高い。たとえば建設業は四・五、鉱業で九・二だ。ちなみに林業と関わりのある木材木製品製造業が一一・〇と、こちらも少し高い。製材工場は自動化が進んでいるが、木材の移動を手作業で行っていたり、積み上げなどにフォークリフトを使う作業も多いからであろう。

しかも事業体は、概して労災保険の適用を嫌がる。労災を申請したら責任が問われるうえに、公共事業などの入札に制限がかかるからだろう。仕事のほとんどで補助金と公共事業を当てにしているから、労災適用によって入札に参加できなくなったら死活問題なのだ。そのため無理に休業を三日以内にさせたり、申請させないケースもあると聞く。そのうえ経営陣には労災の適用を恥とする風潮が色濃く残る。

安全意識が低すぎる当事者

林業に事故が起こりやすい理由は先に述べたようにいろいろあるが、自然条件のせいにするのは基本的におかしい。問題にすべきは、従事者に安全教育をどれだけ実施しているか、現場の安全意識をちゃんと保っているか、だろう。働く人・働かせる人の安全意識や教育のレベルの低さが最大の理由である。

そう考えるのは、実際の林業現場で危ない作業をよく目にするからだ。

そもそもヘルメットをかぶらない人も少なくない。私は林業現場を通りかかった際に、少し見学させてくれと彼らに声をかけることがある。そしてカメラを出して撮影をお願いすると、「ちょっと待ってくれ」とあわててヘルメットをかぶるということが幾度かあった。写真にヘルメットなしのシーンが写っていると、後々問題になるからだろう。つまりヘルメットをかぶらなければならないことは知っているが、守っていないのである。

さらに服の裾を出し、はだけたままチェンソーを操る姿をテレビに映し出されている林業従事者もいた。本人も撮影者も放映責任者も、これがまずいことと感じなかったのか。もし服が巻き込まれたら重大事故につながる恐れがある。近年はチェンソーから身体をガードする器具（防護ズボン、チェンソーブーツ、フェイススクリーン、イヤマフなど）の装着が義務づけられたが、しっかり身につけている人をあまり見かけない。果たしてどれほど守られているか。

作業の中でも伐採はとくに危険だ。樹木はチェンソーで幹を伐ればよいわけではない。重要なのは伐倒方向の制御だ。場所の傾斜、枝の伸び方などから、樹木の重心を子細に読み取らねばならない。思いもしないところに倒れたり、途中で折れたり裂けたりすると事故を引き起こす。倒した木が別の木にぶつかると、想像できない動きも起きる。木の枝が折れて遠くに飛ぶ事故も少なくない。また隣の木に引っかかって、ちゃんと倒れない「掛かり木」になった場合の処理も危険だ。安易にかかった木を伐ったら惨事を招きかねない。

私のところにメールで「林業に参入します！」という報告が来たことがあった。まったく見知らぬ人だが、私の著書を読んで連絡をくれたのである。そこで確認すると、技術的には一週間の研修を受けただけ……。その研修仲間と独立して伐採請負型の林業に取り組むのだという。私は危ないからやめろと返信したが、その気はなさそうだった。果たして彼は、今も続けているのか。生きているのか。

もっとも、事故を起こすのは新人ばかりではなく、むしろ高齢のベテランに多い。それは死者数の約七割が五〇歳以上という統計にも表れている（図表2-1-6参照）。

彼らはもともと自己流で技術を身につけており、ちゃんとした指導を受けることもなかったのだ。そして「習うより慣れろ」を口にする。何十本か伐採したら、そのうちわかってくる、と平気で言う。慣れる前に死んだらどうするのだ？　そんな彼らが新人を指導するのである。

2-1-6 | 林業における死亡災害の発生状況
2014年から2016年までの累計

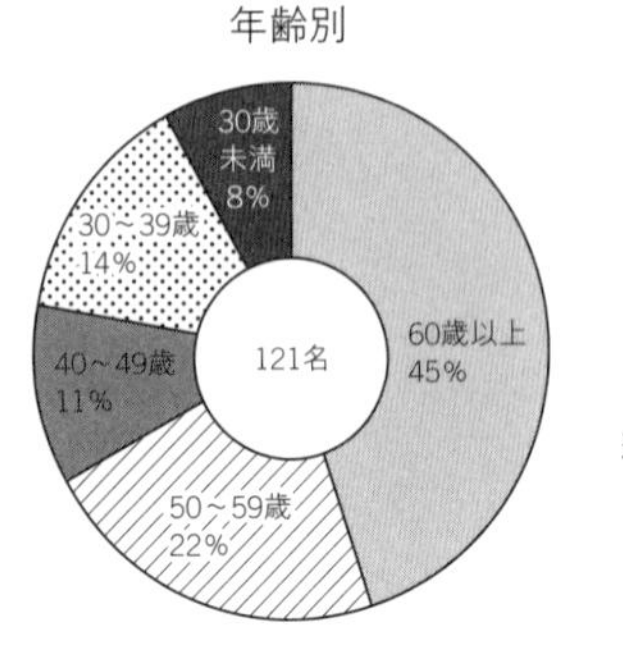

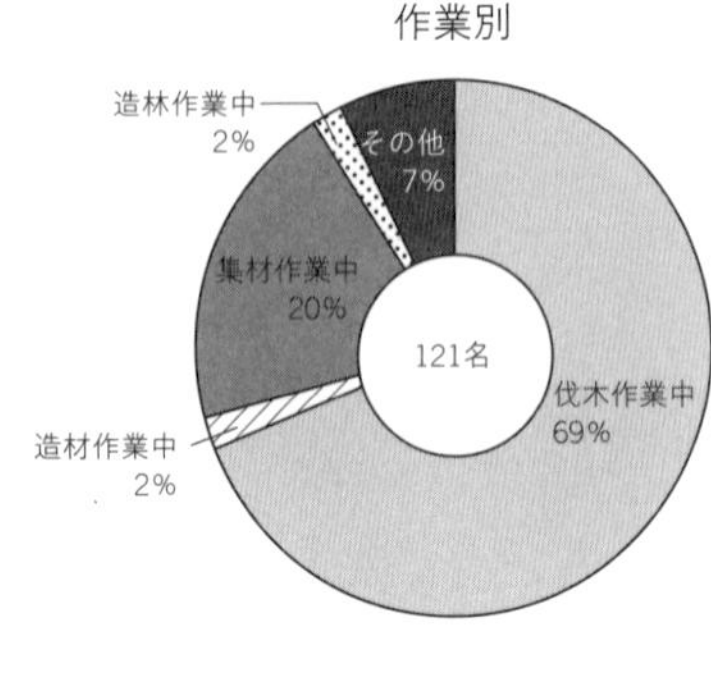

資料…林野庁経営課調べ
出典…平成29年度森林・林業白書

彼らだって、いつまで無事故でいられるか。

おそらく事故率の高さが林業の就業者数を増やせない理由の一つにある。せっかく新規就業したのに怪我をして辞めた、怖くなって辞めたケースは少なくない。就業後五年で半数以上が辞めるのが実態である。

ベテランは新人に学べ

私はアメリカ人フォレスター（林業家）による伐倒技術の座学講習に参加したことがある。そこで最初に見せられたのが、数々の事故の写真や動画だった。どんな状況で事故が起きるのか、多くのパターンを目にさせられる。チェンソーでえぐられた傷口や死体も写るそれらの画像・動画をいやというほど目にして、私はかなり意気消沈してしまった。それまで私も数時間の講習と「見て覚えた」程度でチェンソーを操っていたのだが、これを機にやめてしまった。今は手鋸中心である。日本では、そうしたショック療法的な安全講習は行われていないだろう。むしろ具体的な事故シーンはなるべく隠す傾向がある。

森林の仕事ガイダンスで担当者と話をすると、これでも随分マシになった方らしい。少なくとも林業に参入する人を増やすための「緑の雇用事業」では新人に安全講習を行い、安全装備の装着を義務としていることを教える。それを守る新人が林業現場に入ってくると、ベテランも多少は考えるきっかけになるそうだ。

なんだか情けない話だが、全産業平均の一五倍近くという事故率を下げない限り、いつまでたっても日本の林業は近代化したと言えないだろう。

1 改革したくない森林組合

林業の実働部隊として、最初に思い浮かぶのは森林組合だろう。山に関わる仕事では、たいてい登場する。しかし、その位置づけをよく知る人は意外と少ないのではないか。そして必ずしも評判がよいわけではない。

簡単に森林組合を説明すると、森林組合法に基づいてつくられている組織で、一言で言えば山主の集まりである。ただし自分の山を管理するのに専門の従事者を雇用できるような大規模山主とは違って、多くが自ら管理するのは難しい小規模山主が集まっている。そして森林組合は、そうした小規模山主の仕事を代行する。林業地のある市町村ならたいていあるはずだ。上部団体として都道府県の森林組合連合会、さらに全国森林組合連合会が設置されている。

基本的に森林を所有する組合員の出資により運営され、組合員の森林経営を助けるのが目的だ。だから森林経営計画を立て、植林から下草刈り、間伐、主伐に至るまでの作業を受託するほか、補助金申請の窓口にもなる。資材や林産物（主に木材）の販売も行う。製材工場や木工部門を備える組合もあれば、融資などの金融や森林災害共済などの事業にまで手を広げる組合もある。

組合組織としては、組合長や理事、参事など経営陣のほか、職員がいる。彼らは事務作業を含めて現場と関わるわけだが、彼らとは別に「作業班」と呼ぶ実働部隊を持つことが多い。伐採や搬出のほか、植林、下草刈りといった育林作業を請け負う現場の部門だ。職員が兼任するケースもあるが、多くの場合は職員とは別の作業員で構成されている。この作業班が現場を動かすわけだ。

規模も千差万別だ。事務窓口に数人いるだけの組合もあれば、作業班員を何十人、ときに一〇〇人以上を抱える大規模組合もある。

問題は、職員と作業班員は仕事内容だけでなく給与体系も違う組合が多いことだ。作業班員の多くは日給月給と呼ぶ、仕事をした日数だけの支払いを月単位で受ける。出来高払いを組み合わせることも多い。つまり有給休暇はないし、ボーナスも期待できない。社会保険などの入り方も違っている。その点では派遣労働や請負労働に近い。作業班の中に班長などの序列はあ

2-2-1｜森林組合の雇用労働者の賃金支払形態割合の推移

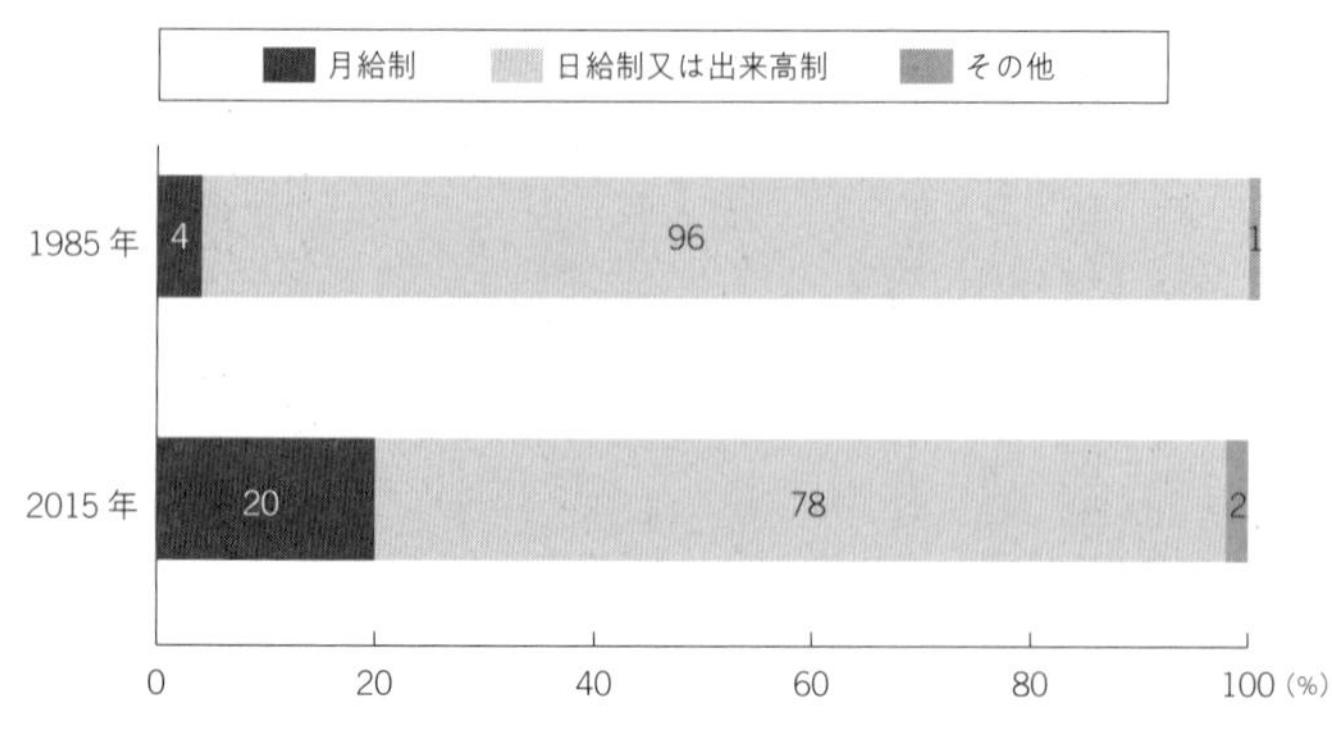

［注1］「月給制」には、月給・出来高併用を、「日給制又は出来高制」には、日給・出来高併用を含む。

［注2］1985年度は作業班の数値、2015年度は雇用労働者の数値である。

［注3］計の不一致は四捨五入による。

資料…林野庁「森林組合統計」

出典…平成29年度森林・林業白書

るが、職務分担ははっきりしない（図表2－2－1森林組合の雇用労働者の賃金支払形態割合の推移参照）。組合長には元首長や元議員などが就くことも多い。名誉職的な感覚があるのだ。彼らと職員は給与制で毎月賃金が支払われる。ところが経営が悪化した際、作業員の給与（一日単価）を下げても、組合長らは下げずに高給のままだった話を聞いたこともある。

現実として、森林組合は組合員の森だけを扱っているのではない。むしろ公有林や国有林、そのほか非組合員の森を手がけることも多い。今では、そうした受託事業を本業とするケースの方が増えている。作業班の仕事を確保して利益を出すにはその方が簡単だからだ（図表2－2－1林業作業の受託面積参照）。

なにより彼らは、林業の専門家であるはずなのだが、その機能を十分に果たしているか

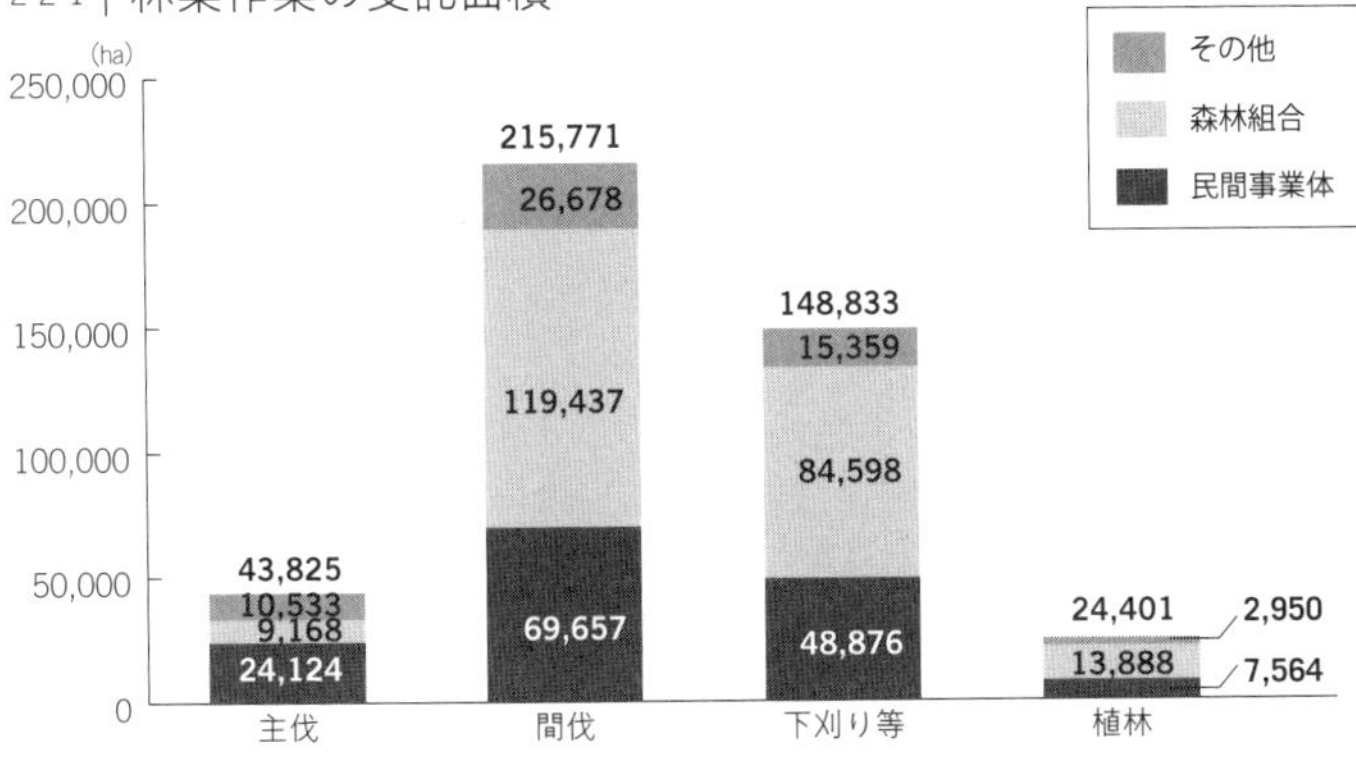

[注1]「民間事業体」は、株式会社、合名・合資会社、合同会社、相互会社。「その他」は、地方公共団体、財産区、個人経営体等。
[注2] 計の不一致は四捨五入による。
資料…農林水産省「2015年農林業センサス」
出典…平成29年度森林・林業白書

と言えば疑問符の付くことが少なくない。

内部事情を知られたくない

以前、某大学の研究室で森林組合の支援を手がけた話を聞いた。そこで「森林組合のホームページをつくりましょう」という提案をしたという。森林組合の存在が世間に知られていないと感じたからだ。そうしたら仕事の依頼も増えるかもしれない。制作は大学側で行うから、組合側の手を煩わせるわけではない。

しかし組合長は拒否したというのである。絶対につくりたくないそうだ。PRが苦手だからというのではなく、PRしたくないというのが本音らしい。なぜか。

「ホームページをつくって宣伝したら、外部から問い合わせがあるかもしれない。そんな電話に出たくないからだそうです」

連絡をしてくる人は、森林に興味を持つ人だろう。森林組合に加入していない山主かもしれない。もしかしたら新たな仕事に結びつく可能性もあるのだが……。

これはあまりに極端な例かもしれない。

ただホームページは立ち上げるだけでなく、定期的に更新しないと価値を発揮できない。また電話よりもメールで問い合わせしてくる人への返信も欠かせない。私も各地の森林組合のホームページを見ることはあるが、残念ながら更新されていないケースが少なくない。何年も前の情報のままストップしている。

今どき山村の人間であってもパソコンぐらい誰でも扱うし、ホームページの更新だって技術的には難しくない。職員の中に扱いが得意な人もいるだろう。しかし、そうした対応を必要だとする意識がなければ何も進まない。

PRを嫌うケースは森林組合だけでなく、林業関係者には多い。今やインターネットに情報がアップされていなければ、存在自体が認められないと言われる時代なのだが……。

PRしないというのは、仕事を増やさないでもいい、つまり現時点で困っていないからだろう。今は食えるから、新しいことを手がけて仕事を増やそうという意識が働かないのか。しかし社会の公器として、広報活動は必要というのが現代社会の認識である。とくに補助金を受け取るのだから、説明責任履行は必須である。

だが「情報を出したがらないのは、あまり内部事情を知られたくない気持ちもあるんじゃないか」とその大学教員は言う。

長野県の大北(だいほく)森林組合の補助金の不正受給事件が発覚したのは、二〇一六年だった。架空の林道開設や間伐事業の補助金を受け取っていたというのだが、これは偶発的な事件ではない。二〇〇七年度から一四年度にかけて組織的に行ったとされて、不正受給額は県の指導監督費を含めると約一六億一〇〇〇万円に及ぶ。実は県の担当者もうすうす感じていたようだが、目をつぶっていたようだ。組合側は当初、県の指導と言い逃れしていたが、認めざるを得なくなった。偽造書類や写真まで作成して不正を行っていたのだ。専務一人に責任を被せているが、信じられない。組織的に行わなければ無理だろう。返還命令も出たが、返せる額ではない。組合組織は破産処理をするのも厳しい。解散すると理事らに賠償責任が発生するため泥沼状態だ。

和歌山県田辺市の本宮(ほんぐう)町森林組合が、いきなり作業班員をほとんど全員解雇した事件もあった。彼らの多くは、補助金による緑の雇用事業で街から移り住んだ若者だった。ところが地元出身者を残して、〃よそ者〃の彼らを切ったのだ。家族で移り住み、軽トラなど道具類も自前で備え、森林組合が用意した住宅に住む人にとっては、仕事と住まいの両方を一気に失うことになった。その後裁判になって、首切りを主導した参事の使い込みがばれたと聞く。

これらが特殊な事件とは言えないのは、その後もよく似た事件が次々と発覚しているからだ。不正と言えなくても制度の趣旨を逸脱した補助金受け取りは少なくない。またよそ者には技術を伴う仕事を教えない風潮もある。

災害復旧にも出動せず

お役人体質も感じる。私が某地方の森林組合に取材に行った際、最寄りの鉄道の駅に着いたのが、約束の午後一時の三〇分くらい前だったことがある。列車の本数が少ないからピッタリの時間には着けない。しばらく時間潰しのため駅の周りを歩き回ったが、そんなに見て回るところもなく、森林組合の事務所に着いたのが約束した一〇分前ぐらいだろうか。事務所の受付で挨拶してアポイントを取っていた人を呼び出した。その人はいたのだが、動かない。座ったままだ。そっぽを向いている。

それでも、取材内容などを説明するのだが……生返事だけだ。目を合わさず口も利かない。なんなんだ。

まさか取材拒否ではあるまいな。奇妙な気分に包まれる。ちゃんと電話で申し込んで了解を得た取材なのだが。そのとき事務所の時計が午後一時を指した。

「よし、仕事しようか」

そう言って、その人はようやく私に向き合ったのである。

ようは、昼休みだから働かない、という対応だったことに気づく。森林組合はお役所よりも

近年は大雨などで山崩れも頻発している（奈良県天川村）。

役所的、と聞いていたことを思い出した。しかし、今どき来客に対してこんな対応をする役人も少ないだろう。

訳あって民間の事業体から森林組合に転職した人が、組合で以前と同じように仕事をしていると上司からとがめられたという話もある。あまり仕事を早くされると周りが迷惑するというのだ。早く仕事を終わらせると、また次の仕事を見つけないといけない……期日内いっぱいで仕上げるのがよい仕事というのである。

森林組合は、自治体の下部組織のような役割を果たしている面もある。常に仕事は役場から来るからだ。そのため組合職員も公務員のような意識になるのだろうか。

一方で驚くほど公的意識の希薄な例もある。大雨で山崩れが起きて道などが土砂で埋まってしまった現場には、通常、地域総出で復旧のため出動するものだ。そこでもっとも役に立つのは重機を持つ組織である。たとえば土木建設会社。森林組合もたいてい重機を持っている。とくに山崩れの現場には流木が多く発生するから、土木系機械より林業系機械の方が役に立つはずだ。

しかし、ある地域の被災現場では、地域の人々や建設会社がボランティアで出動する中、森林組合は一切人手も重機も出さなかった。自治体の要請にも応えなかったという。

その理由は明確には示されなかったものの、おそらく、ただ働きは嫌というほか、もし重機を出して故障させたら損害を出す恐れがあるからだと推測された。たしかに故障の程度によっては大きな出費になりかねない。燃料費なども自前になるかもしれない。しかし、被災地の人々から総スカンを喰らったのは仕方あるまい。

こうした事例ばかりを紹介して森林組合を腐したいわけではない。もちろん真面目に地域に、林業に向き合っている組合も多いと思う。ただ意識改革は必要だ。以前は森林組合といえば植林・育林が主な仕事だったが、今や伐採が主流になってきた。しかし伐採や搬出は植林と技術がまったく違う。組織の形から変革しなければ対応できない。

加えて、コスト意識を持って生産効率を改善することが求められる。しかし、これが簡単には行えないのが現実だ。何よりも、まずトップが改革の必要性を感じなければならない。しかし多くの森林組合は、まだ最初の段階で足踏みしている状態だろう。

近頃は森林組合に対する研修も政府主導でよく行われるようになった。ところが内容を聞いてみると、組織改革を素通りして目先の経営計画の作成方法や、高性能林業機械の導入ばかりに力を入れている。それでも若手職員が研修を受けて改革の提案をしたところ、組合幹部が改革の必要性を理解しておらず拒否する例もあるそうだ。たとえば作業班の給与を月給化する案を出しても完全にスルーされる。なかには「リスクを負って改革しなければならない理由がわからない」と最初から研修そのものを否定する声まで出ていた。そのため若手が辞めてしまうことも多い。

なによりも補助金依存体質を改めないことには話にならないだろう。

2 倫理なき素材生産業者

宮崎県で盗伐の問題が顕著になったのは、二〇一六年ぐらいからだろう。

きっかけは、現在は千葉に住んでいるものの宮崎県出身の山主が久しぶりに持ち山を訪ねたら、木を伐られてはげ山になっていたことが発覚したことによる。この山主が自力で調べると、伐採届は偽造されていて一五年も前に亡くなった父の印鑑が押されて提出されていたという。当然告発したのだが、警察は被害届をなかなか受理せず、ようやく立件されてもなんと検察は不起訴にしてしまった。その理由は、盗伐に関わった二人のうち、どちらが偽造したか確定できなかったからだという。

だが被害者は彼一人ではなく、各地にいた。そこで「宮崎県盗伐被害者の会」を結成したところ、八八世帯もの加入（一九年六月時点）があった。それは一部にすぎない。声を上げるのが苦手な人のほか、そもそも不在地主で自分の山が盗伐にあったことに気づかない人も多数いると思われる。全体では何件の盗伐が行われたのか想像するのも恐ろしい。

盗伐の実態はさまざまなケースがあるが、ブローカーの暗躍も指摘されている。直接伐採業者が山主と交渉するのは手間がかかるので、取りまとめる〝世話役〟のような仕事がある。もともとは地元に顔の利く人が行ったのだが、最近は地域と無関係のブローカーも参入している。通常は山主から伐採の許可を取り付けて市町村に伐採届を出すのだが、山主の所在がわからなかったり、伐採を承諾しない場合、偽造書類を作成し提出する。さらには単に交渉が面倒だという理由で偽造が横行しているようだ。そして偽造された伐採届などを業者に転売する。

仮に伐った業者を見つけ出して追及しても、「誤伐」を主張されるケースが大半だ。隣の山を伐採する（これは合法）際に、境界線を誤って伐ってしまったというのだ。誤伐なら過失なので、わずかな賠償金で済む。しかし、冒頭のケースは地籍調査も済んでコンクリートの境界杭が打たれていて間違いようのない状況だった。しかも地形的に道路などから見える部分は伐らずに、その裏側を皆伐していたというから悪質さが際立つ。そもそも伐採届のある土地の二〇～三〇倍の面積を伐るケースが多いから、故意としか言いようがない。

それでも警察の動きは鈍く、行政も積極的に対応しない。これが盗伐となると窃盗罪だから

増産目当ての無断伐採が後を絶たない（宮崎県国富町の現場）。

刑事罰になる。また警察は、立件しようとしたら故意に伐ったことの立証が必要となるので面倒なのだろうか。しかも一つ立件すると無数の盗伐被害が明るみに出るだろう。だから警察は被害届を受理せず、最初から示談を勧める。行政や業界団体も伐採した業者を擁護する。できる限り穏便に済ませたいのだろう。

盗伐が起きているのは宮崎県だけではない。なぜかと言えば、やはり儲かるからだ。これまで材価が安くて儲からないと繰り返してきたが、それは山主であって、伐採業者からすると今は儲けどきなのである。実は材価は多少上がってきている。それは合板需要やバイオマス発電燃料、そして輸出用など木材が大量に求められているからだ。その内容は後述するが、単価は安くても木材を大量に出せば金になる。ただし皆伐でコストを抑え、再造林もしない。そして山主にさして還元しない。だから儲かるのだ。こうした先のことを考えない林業が蔓延(まんえん)している。

盗伐のような違法行為がなくても、林業の粗収益の大半を伐採業者が取っていく。統計には、平均的な山主の林業所得が年間一一万円であることが示されている(図表2-2-2林業所得の内訳参照)。

増加する新規林業参入者

森林組合ではなく、民間の林業事業体も近年は増えている。

組織としては千差万別である。株式会社になっているところもあれば、「一人親方」と呼ぶ単独で山仕事を行う人もいる。仕事の請け負い方も千差万別で、山主から直に受託する場合もあれば、国有林などの仕事を入札で取る場合もある。森林組合の下請けとなるケースもある。仕事内容は植林や育林を得意とする人もいるが、ほとんどは伐採搬出だろう。このような伐採業

2-2-2 | 林業所得の内訳

項目		単位	2013年度
林業粗収益		万円	248
	素材生産	〃	174
	立木販売	〃	23
	その他	〃	51
林業経営費		〃	237
	請負わせ料金	〃	98
	雇用労賃	〃	30
	その他	〃	109
林業所得		〃	11
伐採材積		m^3	151

[注1] 山林を20ha以上保有し、家族経営により一定程度以上の施業を行っている林業経営体の林業所得である。
[注2] 伐採材積は保有山林分である。
資料…農林水産省「平成25年度林業経営統計調査報告」2015年7月
出典…平成29年度森林・林業白書

2-2-2 ｜林業経営体数の組織形態別内訳

（単位：経営体）

	林業経営体
家族経営体	78,080
法人経営（会社等）	388
個人経営体	77,692
組織経営体	9,204
法人経営（会社・森林組合等）	5,211
非法人経営	2,704
地方公共団体・財産区	1,289
合　計	87,284

資料…農林水産省「2015年農林業センサス」
出典…平成29年度森林・林業白書

者を、林業界では「素材生産業者」と呼ぶ。素材とは原木のことだ。

彼らの多くは、自ら山を持たずに伐採搬出作業を請け負う。だから現場はその度に変わる。森林組合が組合員の山を基本としているのとは違うところだ（もっとも森林組合も、今は受託事業を優先するようになっているから変わらなくなってきた）。

林業従事者は、本来は山村に住み林業をしてきた専門家的な扱いだったが、近年はかなり様変わりしている。新規参入も増えてきた。木材運搬に携わってきた流通業者や製材業者、そして土木建設業者の林業参入も国が後押ししている（図表2－2－2林業経営体数の組織形態別内訳参照）。

こうした業者は、仕事の効率を上げ利益を増やすことを最大の目的としている。それは当たり前だが、お役所仕事的な森林組合へのアンチテーゼかもしれない。逆に言えば、彼らにとっては、林業は儲かるビジネスとなってきたわけだ。

私が会った若い素材生産業者のトップ（当時二〇代後半）は、「若い頃はやんちゃしてましたが、林業を生涯の仕事にしようと思って、まずほかの業者のところに修業に入り、学んでから独立しました」と経歴を教えてくれた。真面目でしっかりした実業家に見えた。ただ「若い頃のや

2-2-2｜林業従事者の推移

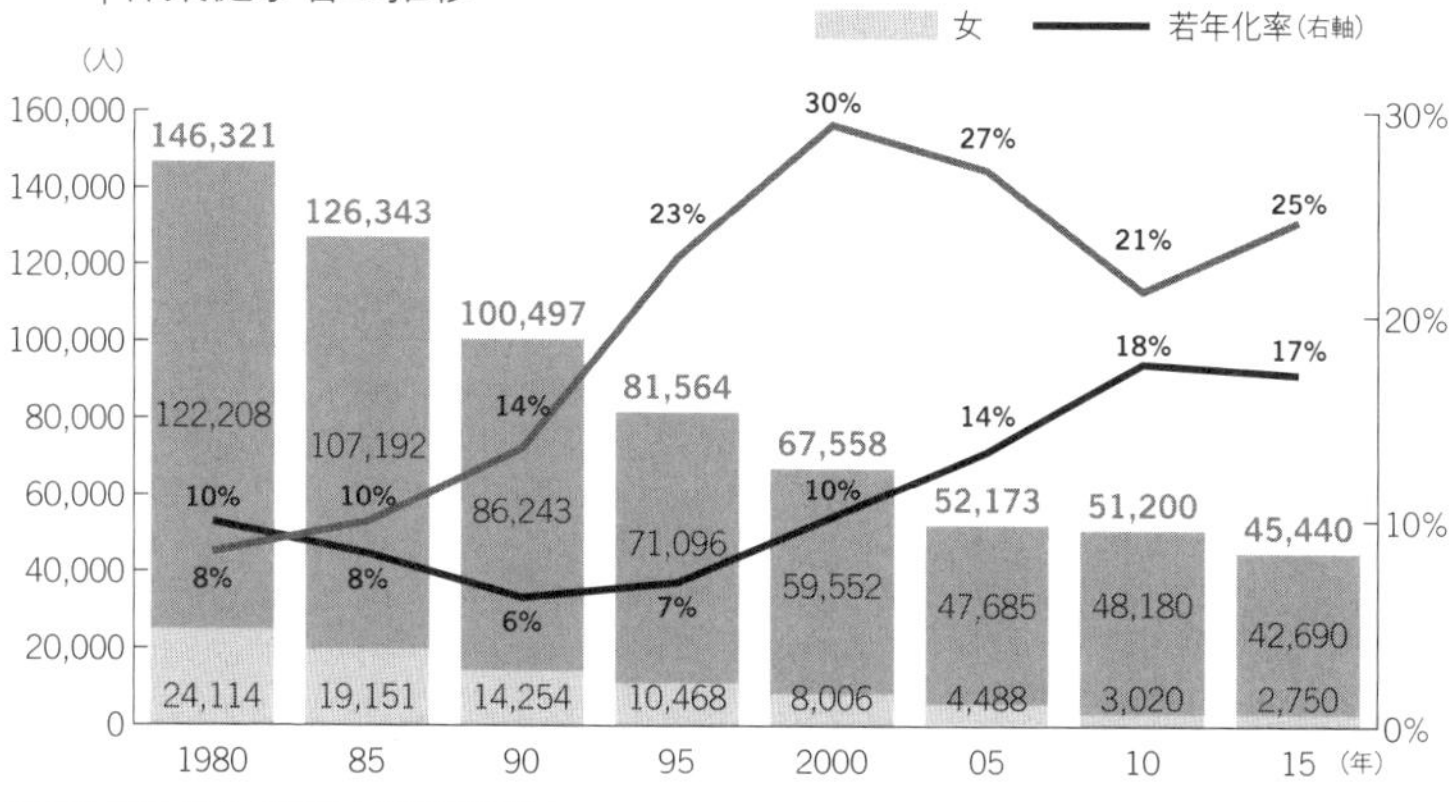

［注1］高齢化率とは、65歳以上の従事者の割合。
［注2］若年者率とは、35歳未満の従事者の割合。
資料…総務省「国勢調査」
出典…平成29年度森林・林業白書

んちゃ」とは、どうやら暴走族のメンバーだったことらしい。だから機械系は好きだそうだ。速く走ることから、巨大重機で重厚長大なものを動かす魅力に目覚めたのだ。最新の高性能林業機械を何台も揃えて、各地の国有林の入札に参加して仕事を取る。機械を揃える資金は、銀行から融資を受けたという。ちゃんと返済できると認められたのだろう。従業員も重機など機械系が好きな若者が集まってくるようだ。やんちゃな時代の人脈なのかもしれない。

おかげで林業従事者数は減少しているが、若年者が少しずつ増えている（図表2-2-2林業従事者の推移参照）。

林業で起業する勇気は立派だと思う。好きなバイクや車の知識を活かして仕事ができるのならもってこいだ。ただ機械系から入ったとなると、山のこと、森のことをどれほど知っているのか、ちょっと心配だった。森は生き物だ。

昔から山村に住み山仕事をしてきた人々は、自分の山でなくても山や森のことをよく知っている。あそこは崩れやすいとか、あの森はそろそろ間伐しないと混んできたとか、山主以上に詳しい。草木や野生動物に関する知識もあった。だから山主に助言しつつ仕事をつくる面もあった。だが新たに異業種から入ってきた人々は、林業の知識にも、地域の事情にも疎いことがある。

そのうえ最近の素材生産業者は、依頼があったら遠くまで出張する。他県に遠征して素材生産を行うことも少なくない。宮崎県で盗伐を行ったとされる業者の中にも、隣県のほか、愛知や静岡の業者まで混ざっていた。

ただ遠来の業者に対する地元の評判はたいていよくない。その地域に長く関わることはなく、一過性の作業だから「荒っぽい」のだ。加えて、その地域の山の特性を知らないことも大きいのではないかと感じた。

九州南部には、一カ所一〇〇ヘクタールを超すような大規模皆伐地が目立つ。皆伐がもっとも効率よく木材を伐り出せるからだ。その主役は民間の林業事業体である。伐採跡地には作業道がジグザグと入り、表土を切り刻んでいる。森林土壌をはぎ取るような作業をしているから、再造林しても苗は育たないだろう。他人の山で一過性の作業を請け負うのでは、ていねいに将来を考えた作業にはなりにくい。

「盗伐」を行う理由も、やはり一カ所でできるだけ多くの木材を出した方が収益があがるからだろう。だから許可を得た山だけでなく、他人の山もごっそり伐ってしまう。山の所有者が地元にいないことを事前に調べている。滅多に山に足を運ばないから、発見が遅れると見込んでいるのだろう。さらに高齢者や障害者の家庭も狙われる。訴えにくい弱い立場の人の山を対象とするのだ。仮にバレても「誤伐」と主張してわずかな賠償金で済ませようとする。

2019年7月、宮崎県国富町で発覚した盗伐で素材生産業者が逮捕された。盗伐事件で逮捕者が出たのはこれが初めてだ。しかし、全体で数千本が伐られたのに、容疑はたった7本である。これで盗伐が収まるかどうかは、まだわからない。

業者自ら規律を正す動きも

植林の仕事にも問題がある。伐採跡地は再造林が義務づけられており、素材生産業者が請け負うこともある。しかし、業者が実際に植えたかどうか確認するケースは少ない。本来は市町村の担当職員に確認する義務があるが、現実問題として広い植林地を職員が歩いて検査するのは無理だ。書類で済ますのが一般的だろう。仮に植えていても、植え方が悪ければ苗は活着しない。雨が降らずに枯れることもあれば、シカやウサギに食べられることも増えた。苗の育たなかったところに、業者がきちんと補植するかといえば、かなり怪しい。

「植林というのは、そこに五〇年後どんな森をつくりたいのか想像しながら植えるもの。さもないとうまく育たない。業者に任せっぱなしで義務的に植林させても、ろくな山にならない」と自ら山仕事に取り組む山主は断じた。

宮崎県にはＮＰＯ法人の「ひむか維森(いしん)の会」という素材生産業者の集まりがある。彼らは自身で「責任ある素材生産事業体認証制度」をつくった。山を破壊しないような作業のガイドラインであり、別の会社が無茶な環境破壊的作業をしていないか、相互にチェックし合う制度でもある。約三〇社が認証を受けている。

なぜ、そのような制度をつくったのか聞いたところ、会長は「素材生産業が山を破壊する仕事のように思われて、世間の眼が厳しいことに気づいたから」と語ってくれた。我々も山を、森を守る仕事をしているんだという思いで考えた方法だという。

もっとも、こうした動きが主流になるまでには至っていない。興味を示さない業者も多いうえ、ガイドラインの基準に達していなくても罰則があるわけではない。むしろ、「森を破壊しても儲かればよい」と考える業者の方が増えている。

残念ながら素材生産業者の倫理観が問われる状況は続いている。

Ⅱ．残念な林業家たち

3 素人が手がける自伐型林業

近年、流行りなのが「自伐林業」、もしくは「自伐型林業」である。自伐とは、本来の意味で言えば、自分の山を自分で伐採するということだ。山主が自ら山仕事をするわけである。これが珍しいと思われることは、林業の特殊性かもしれない。

一般人からすると、土地の所有者が作業するのが当然だろう。農業などはその典型だ。しかし伐採や搬出には専門性があり、簡単に真似ることは危険だ。だから山主は、現場仕事は外注するのが当たり前だった。森林組合は中小山主の山を預かって作業を代行するわけであり、民間の林業事業体も、そうした山主からの請負を前提としている。

もっとも、その場合も山主が作業内容を指定するものだった。ここは植林、この山は下刈り、あるいはどの木を間伐するのか、伐採した木をどのように処理するのか……。山主が決めた作業を業者に発注する。しかし、徐々にお任せ状態になってきた。今では森林組合や事業体が山主に「ここは間伐すべき」と作業を持ちかけることが常態化している。

仕事を外部業者に発注するのだから、当然マージンが発生する。材価が下落する中で、木を伐って販売しても山主は利益を受け取れないか、受け取れても極めて少額になってしまった。

それが森林経営意欲を奪っているのだが、「自分でやればマージンが浮く」という単純なことに気づく。しかも自分の山ゆえに、乱暴な作業はしない。往々にして請負業者は山に無茶な道を入れて崩壊を招いたり、残った木を傷だらけにしたりすることがある。請負仕事は、どうしても「他人の山」を扱うだけに目先の作業効率や利益を重視してしまいがちだからだ。

そこで「自分でやれば十分利益が出る」と提唱したのは、高知県の土佐の森救援隊だった。素人の山主でも、小規模に、機械もあまり使わず、伐採や搬出を行えるよう技術研修をし始めた。それが全国に広がり、さまざまな形で「自伐」が進んでいる。

ただ実行者は山主ばかりではない。他人の山を請け負う人々も出てきた。これを「自伐型林業」と呼ぶ。しかし請負なら、森林組合や民間の事業体とどこが違うのか。

そうした定義は若干迷走しているが、作業者は請け負う山を「自分の山のように扱う」という精神論に行き着く。山の将来を考えて、ていねいな作業をすることを標榜するのだ。だから大型機械も使わず、小規模に行う。

その例に挙げられるのが、吉野林業地にある山守（やまもり）制度だ。山主は村外にいるが、山守と呼ばれる人々が山の管理を仕切ってきた。彼らの多くは世襲で、預かる山はずっと同じである。だから名義は他人の山でも、自分の山のように扱うわけである。現代では山守制度も形骸化し崩れつつあるが、再びそのあり方を見本とするのが自伐型林業ということになるだろうか。

私自身は、自伐林業、自伐型林業という考え方そのものは好意的に見ている。しかし林業の主流にはなり得ないと思っている。とくに「自伐型」となると、請負業者と明確なシステムの違いを発揮できないからだ。そもそもマージンが浮かないし、「自分の山のように」といっても他人の山である。山守のように世襲して何十年何百年とその山を責任を持って預かるわけではないのだ。契約自体も長期間委任されることは少なく、数年単位あるいは作業単位で請け負うことが多い。また植林・育林（下草刈りや間伐など）は、基本的に利益を生まない作業だが、それを請け負う場合は補助金頼みになる。

そのうえ小規模ゆえに専業ではなかなかできない。自伐だけで食っていくのは厳しいため副業形態が多い。本業（林業以外の収入源）を別に抱えて、山仕事を行うわけである。山仕事だけで食っていこうとするなら利益を重視しなければならず、仕事の規模も生産効率も上げる必要があり、大規模な素材生産業者との違いをどれほど出せるだろう。

すべての森林組合や素材生産業者が、仕事が荒く、目先の利益のためにやっているというわけでもない。業者それぞれである。ていねいな作業を行う業者も確実にいる。また自伐型であっても技術が伴わなければ、結果的に荒い作業になりかねない。

短期間の研修で参入する危険

自伐の大きな問題は、技術と知識だ。

林業は伐採も搬出も場所ごとに条件が違うから難しく、危険も多い。ていねいな作業を行うには技量が重要だ。また安全でスピーディーな作業を行うにも、経験なくしては身につかない。それを副業、もしくは副業に近い経験量でこなすのは不安だ。

自伐（自伐型）林業を行うという人は、どこでどの程度技術の講習を受けたのだろうか。林業の技術は、体系的に知識と技術を何年もかけて学ばないと身につかないとされる。しかし日本の林業現場では、ＯＪＴ（オン・ザ・ジョブトレーニング）方式……と聞けば聞こえはよいが、「見て覚える」「やって身につける」やり方が一般化している。森林組合の作業班などに勤めても、しっかりとした技術を学ぶ場がある所は少ない。もし覚える前に怪我をしたら、命を失ったらどうするのか。自伐への参入者には、技術も経験もないことが多い。

酷いときは一週間程度の講習を受けただけで、伐採と搬出の技術を身につけた……と始める人もいる。あまりに危険すぎる。しかも、必ずしも複数で働くとは限らず、一人でやっているケースもあると聞いた。

そのうち、大事故につながる可能性がある。すでに起きているかもしれない。林業事故の統計に死傷者の経験まで記されないし、労災に入っていない場合は表沙汰になりにくい。

技術は、利益にも影響する。木の伐採方向を誤って岩にぶつけたら、幹が割れて価値をゼロにしてしまうこともある。材木に傷を少し入れるだけで価値を落とす。

広範な知識もいる。森林環境の変化を予測する生態学的な知識も必要だが、木材を販売するにも知識は重要だ。木材の値段は傷や曲がり、節の有無なども影響するが、基本は材積で決まる。一立方メートル当たり何円と値段がつくわけだ。その際に重要になるのが伐採した木口の直径だ。丸太は正確には円錐形の上部を切り落とした形になるが、木口断面は元口（もとくち）（立木の地面側）と末口（すえくち）（立木の梢側）と呼び分け、末口の直径を材積の計算に使う。

だから末口直径が何センチの丸太に仕立てるかが重要なのだ。切り方次第で一センチ二センチはすぐ変わる。それが材積計算に響いて価格に跳ね返る。さらに幹が全体に曲がっている場合も、伐る場所によって曲がりが出るか出ないか決まる。

さらに三メートル材として出すのがよいのか、四メートル材が市場で人気なのか。いや時には二メートル材に高い需要があり価格が上がる場合もある。そうした判断は、木材市場の動向を常にチェックすることで行えるものだ。出荷先も、いつも同じ地元の市場がよいとは限らない。隣の県の木材市場に出した方が高い、というケースもままある。木材の需給は意外と狭い範囲の需給バランスで決まるからだ。

そうした工夫は、相当専門的な技術と知識の賜物であり、常日頃からの情報収集などの努力で決まる。それを副業的な自伐林業家にできるのか。

もっとも、経験豊富で専業のはずの森林組合や林業事業体でさえ、造材や出荷先を十分に意識しているのかどうかは疑問だ。他人の山ゆえに自分たちは手数料を稼ぐ感覚となり、手間をかけた仕分けはせずに、十把一絡げに市場に出荷する業者もいる。手間をなくした方が利益が増えると考えるのだろう。

ともあれ、関門はいろいろある。林業をビジネスとするには、そうしたノウハウを身につけなくてはならないだけに、安易に取り組める仕事ではない。

II. 残念な林業家たち

4 林業をやめたい山主の本音

これまで紹介してきた森林組合や素材生産業者のよろしくない事例ばかりでは、山主が被害者であるかのように感じたかもしれない。だが、そうとばかりは言えない面もある。

山主、つまり森林を所有している者にはやはり所有者ゆえの責任があるはずだ。登記や境界線確定など基本的な事項だけではない。積極的に森林経営するにしろ、事業としては休眠させるにしろ、やるべきことがある。それを忘れている山主が多くはないか。

まず何よりも自分が所有している森林について何も知らない山主が増えた。この点は、所有者不明山林、境界線未確定山林が増加している問題としても触れたが、自分の持ち山に興味を持たなくなれば、当然ながら森林経営にも意欲を示さないだろう。

たまに、「相続した山をなんとかしたい」という相談を持ちかけられることがある。その資格が私にあるのかどうかは怪しいのだが、とりあえず聞いてみる。

「どのくらいの面積をお持ちなんですか」

「……わからない」

「人工林ですか。植えているのはスギやヒノキですか」

「……わからない」

「場所は。林道から近いですか」

「……わからない」

この繰り返しである。もちろん、自身が山に足を運んだこともない。これでは何もしようがないだろう。私に相談する以前の問題である。

こんな体験もあった。私の地元の生駒山(いこまやま)（典型的な里山）だが、私が山中を歩いて山麓遊歩道に出たところ、何か違和感のある家族連れと出会った。中年夫婦と若い娘たち。町の繁華街で見かけそうな姿だ。声をかけられたので話を聞くと、自分たちの持ち山を探しているのだという。そして市役所で手に入れたという地図（公図）を見せられた。この辺り……と言うのだが、現在位置もわからず探しようがないようだ。

私は、地図に描かれた溜池などからだいたいの場所を想像できたが、一行の姿を見て案内する意欲は失せた。女性陣はスカートにパンプスを履いていて、男性もブレザーを着て革靴。とても山に入る姿ではない。遊歩道をよく歩いたな、と思うほどだ。そもそも所有林まで道がないとは想定していなかったのだろう。仮に藪をかき分けて地図の場所にたどり着いても、そこが自分たちの所有地であることを確認する術を持たないのではないか。下手に関わっても徒労だと感じて、私は方向だけ教えて彼らと別れた。

おそらく典型的な不在山主だ。それでも、所有する山を確認しようと家族総出で出かけてきたのだから、マシな方である。

山主が不同意でも強行できる法

もともと持ち山の地域に住んでいない山主の場合、森林のことを知らなくなりがちだ。とくに山から何の利益もあがらないとなると、関心を失うのは仕方ないだろう。

仮に関心はあっても、現状では持ち山が利益を生むどころか管理する費用が持ち出しになる場合、手を出さなくなる。そこが雑木林ならともかく（本当は雑木林でも放置してよいわけではないが、とりあえず林業は行わないという前提ならば放置になる）、父母もしくは祖父母の代がスギやヒノキなどを植林して一斉林にした場合、放置すると生態系や防災の点からもよろしくない可能性がある。しかし、あまりにも基本的な林業知識がなければ手の出しようがないだろう。

国は、二〇一八年に森林経営管理法を制定した。土地の所有権から森林の経営管理権を分離して、山主が森林を管理しない場合は半強制的に自治体が預かり、「意欲と能力のある林業事業体」に管理を任せるという法律だ。いろいろ問題の多い法律なのだが、山主のやる気のなさが制定の理由の一つになっていると言えるだろう。

もし本当に森林経営に関心がない、あるいは諦めているのなら、手放すか委託するのも手である。手放すといっても、買い手がいるとは限らない。その山にそれなりの材積があり、また林道・作業道などの整備がされていないと敬遠されがちだ。利益の出ない山を引き受ける事業体はない。森林経営管理法では、それを自治体が預かり、税金（森林環境譲与税など）を投入して管理を行うことになる。

仮に、代々林業を行ってきた一家であっても、これ以上は無理とか、また後継者がいないから続けられないという場合がある。そのときは山をどうするだろうか。山主の心理は、売却や委託とは別の方向に向かうこともある。それが「打ち止め伐採」だ。

自分の代で森林経営を打ち止めにすると覚悟を決めた山主は、これまで投入した資金を多少とも取り戻したいと思う。そこで今ある山の木を全部伐って金に換えようとする。

もし父の代に植林して林齢が五〇年以上になっていたら、いくら放置状態でもそれなりに木は育っている。それを全部伐り出せば、伐採・搬出の費用を引いても幾ばくかの金が残る。最近はバイオマス発電の燃料材の需要が多く、これは木材の質を問わない。燃やすしか使い道のなさそうな細くて曲がった木々も売れる。

本来なら、その利益から再造林を考えねばならないのだが、この先林業をやめるのだから無視する。伐って金になったらそれでオシマイというわけだ。仮に一ヘクタールの木を全部伐って出して、純益が数十万円にしかならないとしても、ゼロよりはマシだ。

こうした「林業打ち止め伐採」は、結構進んでいる。当人は消極的でも素材生産業者側から持ちかけられることもある。業者は仕事になって利益も得られるし、皆伐ならコストも安くなる。

実質的に伐採跡地ははげ山のままだ。災害を招く可能性を高めるうえに生物多様性など環境的にも望ましくないだろう。

売りたくても売れない山

林業を打ち止めする前に、その山を手放そうとは思わないのだろうか。たしかに山を売りたい人は増えている。売るどころかただで引き取ってくれという声もある。

とはいえ、山を手放すことには抵抗がある人は多い。まだ山、つまり土地を持つことは誇りであり財産と感じるのだろう。それなりに愛着もあるのかもしれない。

ただ山主の「先祖代々の山……」という表現は怪しい。現在の山を手に入れたのは江戸時代以前というところは意外に少なく、明治時代以降であるケースが多い。戦後になってから山主になった人も少なくない。ある時期まで山林は想像以上に流動性が高くて、売買が盛んに行われてきた。だから、せいぜい三、四代前なのである。

林業が伝統的に盛んな地域では、山は資産として売買された。別の事業で余裕ができたら貯金代わりに山を買うというケースもあれば、逆に借金を返すため山を手放す場合も少なくなかった。山を保有しても事業（林業）をするためではなく、財産として保有する意識だったのだろう。木材生産を行わない雑木林でも同様だ。昔は山の落葉や草を刈って農地の肥料としたから、田畑とともに転売されやすかった。所有者はよく替わったのである。

しかし現在は、売りたくても売れない時代になった。農地はもちろん宅地さえ条件が悪ければ買い手がつかない時代である。山を買いたい人は滅多に現れない。だから持っているが「放棄」する形になる。山林所有の流動性がなくなったことが、林業の危機を招いているのかもしれない。

Ⅱ．残念な林業家たち

5 ロスだらけの木材の在庫管理

「今の仕事していなかったら、国産材を使うかなあ」

この言葉は、国産材の利用推進を仕事にする人々と会食していたときに出た言葉である。立場上、他人に国産材を使うよう呼びかけているのだが、プライベートな自分に立ち返って「本当に国産材を使いたいか」と問われれば「躊躇（ちゅうちょ）する」と言ったのだ。もっとあけすけに言えば「使いたくない」わけである。

無責任な、と思うかもしれない。しかし、国産材の利用推進事業に関わるということは、国産材業界の裏側に詳しくなるということだ。すると「躊躇」したくなるような実態を知ってしまうのだ。

　この手の本音は、実は国産材商品を扱う業者や建築家、工務店などの間では以前から出ていた。彼らは、一般人より木材が好きであり森にも関心がある。日本の森を守るためにも国産材の需要を増やさねばならないと考えている。しかし、国産材の現実を知ってしまうと、国産材は使いにくい、使いたくないという気持ちが生まれるのだ。

　具体的にはどんな問題があるか。

　たとえば乾燥である。木材は十分に乾燥させないと反ったり曲がったり縮んだりする。強度も高まらない。少なくとも含水率を二〇％以下にしないと後々不具合が出る。ところが乾燥させた国産材は、出荷量全体の三割ほどなのだ。残りは未乾燥材、通称グリーン材である。その点外材は、輸入される木材の大半が乾燥材である。

　木材を乾燥させるのは簡単な技術ではない。ヒノキはまだよいがスギは針葉樹材の中でもっとも乾燥が難しい木と言われるほどだ。生木は含水率二〇〇％（木質の重さの二倍の水を含む）と言われ、水分を貯留している部分にムラがある。単に丸太を人工乾燥機に入れて加熱すれば乾くというわけではないのだ。

　なかには含水率を非常に低く下げたことを自慢する業者もいるが、短時間に高温で乾燥させた材は、細胞が破壊されて強度が劣化してしまいがちだ。また乾燥させることで木材の油分が全部抜けてしまうと、艶のないカサカサの木材となる。「木のミイラ」と表現する人もいるほどだ。それを「乾燥材だから」高級と売り込む業者もいるのだが、その点の見極めが難しい。

なお人工乾燥機を使わず大気中で乾燥させる天然乾燥法もあるが、三〇%以下にするのには長い年月がかかる。細胞間や細胞内の水は抜けやすいが、細胞壁に結合した水は抜けにくいからだ。中途半端な天然乾燥材では、反ったり縮んだりして欠陥建築物になってしまう。

さらには、商品としてアイテムもロットも少ない問題もある。扉や壁材などはデザインが重要だが、国産材には選べるほどの種類がない。あるいは量が揃わず注文してもすぐに届かない。たとえば国産材のフローリング材を探してもなかなかないだろう。あっても小規模生産だと量が出ない。仮に大量発注すると、納品まで何カ月もかかる。そして高くなる。

製材寸法も課題だ。製材、つまり板や角材には規定の寸法があるのだが、意外なほどいい加減なのだ。たとえば一辺一〇センチの角材に製材するとしよう。ところが仕上がった角材を計測すると、九・五センチだった……ということがある。これが未乾燥材だったら、時間とともに乾燥して縮むからさらに細くなることもあり得る。

これは木材不足の時代に生じた悪しき慣習だ。量をごまかすだけでなく、表面に節があったら多めに削って節を消そうとすることもあったらしい。寸法がいい加減でも無節材に価値を認める人がいたからだ。購入側は不満を持つが、文句を言えなかった。

さすがに現代では、ここまで露骨な寸足らずは減ったと聞くが、まだゼロではない。これが国産材の信用を落としてしまう。

製材工場には小規模なところも多く、在庫管理が悪くロスを生み出しやすい。

最近では太い木材ほど安くなる、という現象が顕著だ。一般には大木ほど価格が上がると想像するだろう。材積は増えるし、太ければ製材によってさまざまな形・用途に回せるわけだから。ところが、現実は直径が一定以上になると、木材市場では値が下がり安く買いたたかれる。太い木が嫌がられる理由は、製材機を通らなくなるからだ。

最近は製材も全自動に近い製材機械があり、丸太を通すと、設定したとおりの板や角材になって出てくる。いや設定も人がせず、コンピュータで丸太を計測して、もっとも効率よく製材する寸法を決めてくれるものもある。ところが、そうした製材機を通すには寸法が決まっていて、太すぎると流れていかない。それが嫌われて太い材は市場でなかなか購入されない、だから大径木材ほど安くなる現象が起きる。大径木用の製材機を導入するのは資金的に躊躇される。それに全自動の製材では、木目など見栄えに配慮することはないから銘木は挽けない。

長年木を育ててきた山主からしたらガッカリだろう。

在庫管理もできない木材業者

現在の製材は、見込み生産が主流だ。だから、たいてい少し多めに生産する。たとえば柱一〇〇本の注文があるときには一一〇本製材しておく。一〇本は追加の注文、急ぎの注文に対応できるように在庫しておくわけだが、必ずしも一定期間後に売れる保証はない。売れないと不良在庫になってしまう。そのまま何年も倉庫に寝かせたら経費が増すから安値で処分してしまうこともある。そうした損失は、売れる商品に上乗せするから結果的に価格は高くなる。

在庫をどこに保管したのかわからなくなる話も聞いた。とくに特殊な材（寸法のほか、木目、節の数などに特徴のある材）は倉庫の奥にしまい込む。ところが注文があったときにどこにあるのか見つからず売り損ねた……もはや流通の基本に関わる問題だ。

また木材を環境問題と絡めることが増えた。木材を使うことで森林整備が進むというきれいごとはよく説明されるが、しかし、森林を破壊する林業も少なくない。国内でも盗伐など違法な木材がそれなりに出回っている。さらには森林経営計画に基づかない伐採、再造林をしない皆伐、森林土壌を引き剝がすような重機の扱い……など、違法すれすれの破壊的林業が目立つ。木材を売買することは環境問題に直結しているということを認識している業者は少ないようだ。

最近では違法伐採の木材を締め出すために「合法証明」が求められるようになった。合法木材推進を謳うクリーンウッド法（後述）もできたが、肝心の合法証明をどのようにしているのかについては疑問だらけだ。本来はトレーサビリティを付けて第三者が行わねばならない（さもないと認証とは言えない）が、当事者が合法証明を作成して添付するケースもある。それをチェックすることなく認める法律を信用できるだろうか。

違法木材は発展途上国から輸入される木材だけ、国産材は心配ないというのは戯れ言だ。そもそも日本人自体が環境問題に対する意識が低すぎるのである。

営業努力の足りなさも指摘される。外材を扱う業者は熱心に売り込みをかけてくるが、「国産材で住宅をつくってくれ、とよく言われるが、我が社に営業に来た国産材の業者は一人もいない」（大手ハウスメーカー社長の言葉）。

営業するより公共事業に頼る

それでいて公共建築物に国産材を使うよう政治的な「圧力」を求める声は強い。政治家や官僚に営業（ロビー活動）しているかのようだ。公共事業に国産材を（高く）買わせようとする。しかし、それでは民間需要への広がりが起きない。本当に使いたいと思わせる木材商品を提供するインセンティブに欠けるからだ。公共事業に消費する木材は、需要全体のせいぜい二割だから、消費に対する影響は低い。

一般人の目線で考えると、木材はほかのマテリアル（金属やプラスチックなど）より好感を持つ人が結構いる。ただし、国産材にこだわるほどは強くない。木材のよい点は、外材でも同じである。いや外材の方が優れている点も少なくない。素人には外材と国産材の区別もつかない。高くても、使い勝手が悪くても、購入するのに手間と時間がかかっても、国産材商品を買います、使います、と言える消費者がどれほどいるだろうか。

何より木材を扱う業者が最終的な買い手のエンドユーザーに木材を使う意義を伝える知識と意欲を持っているかも疑問だ。木材の何がよいかを説明できないのに、他人に買ってくれというのも妙な話だ。

製材業者にも、積極的に消費者を招いて木の現場を見学してもらう努力をしている人がいる。山の木がどのように伐採されて、運び出されて、製材されるかをエンドユーザーに知ってもらおうという試みだ。これで消費者に国産材への愛着を持ってもらおうというわけだが……。ところが意識が変わるのは業者側だという。

こうしたツアーに参加する一般人は、もともと木に興味がある場合が多く、言われるまでもなく国産材に愛着を持っている。そんな人々が木に関わる業者の仕事内容を聞いて、驚き、感心する、興味を持ってくれる。するとその様子を見ている業者側が自分の仕事を見直すそうだ。

製材などの職に就く人の中には、たまたまこの仕事に就いただけで、本人はさほど仕事に思い入れのない人もいる。ところが、見学者がその仕事ぶりに感心してくれると自分の仕事に誇りを持ちだすのだ。このような動きは好ましいが、残念ながら全員が木を扱うことに誇りを持っているわけではない。

木材に関わる人は、やはり自ら木材の産地や流通過程、そして木材の質や機能などの知識を持つべきだ。商品知識を持たずに売り込むのは難儀というより無茶である。

II. 残念な林業家たち

6 木悪説にハマった建築家たち

某大学の農学部で新棟を見学した。それは四階建ての鉄筋コンクリート製なのだが、そこに大学が研究林として所有する山から伐り出した木材を使っていると聞いたからである。提供されたのは一〇〇年生のヒノキ材だった。自慢の逸品である。

建築家は、その木材を玄関周りに使用したという。私はそう聞いていたのだが、肝心の玄関を入るときに気づかなかった。指摘されて初めて、これだったのかとわかった。そして愕然とした。

なぜなら、その木材は塗料でグレーに塗られており、周辺のコンクリート部分と溶け込んで

100年生のヒノキでつくられた玄関周りだが塗料でコンクリートに見せている。

いたからである。いや、はっきり言えばヒノキ材をコンクリートに見せかけようとしているのだ。木目も塗りつぶされて見えない。なぜだ。なぜ木材をコンクリートに見せる必要があるのだ。

　おそらく建築家は木材を使うことが気に入らなかったのだろう。そして不承不承使ったに違いない。そんなに木造が嫌いなのか……。

　建築に木材をもっと取り入れる運動は各地で起きている。ところが、遅々として進まないのが現実だ。その理由は、建築家が木造を嫌っているから、いや、木造建築についてよく知らないのである。なぜなら大学などの建築学の講座で、木造についての研究・教育が長く行われていなかったからだ。建築家が木造について知らなければ、木造建築が増えるわけがない。建てようとしても建てられないわけだ。

遡（さかのぼ）れば地震（関東大震災など）や太平洋戦争時の大空襲で木造家屋が多く焼けた事実に行き当たるのだが、戦後の建設業界では燃えない建築物づくりが重要課題となってきた。また戦後の復興期に木材資源が枯渇して（輸入もまだ解禁されておらず）使いたくても使えない事情もあった。結果的にコンクリートなどが多用される建築が優先された。大学の建築学科などから木造建築についての研究が消えて、次世代の建築家が学べない状況が長く続いたのである。

幸い少しずつ転換が図られて、近年は木構造の研究・教育も増えつつある。建築家の中にも木造に挑戦しようという声が強まってきた。

建築家の本音は「木が嫌い」

しかし、そこで登場するのが「木善説（もくぜんせつ）」と「木悪説（もくあくせつ）」である。

前者は木のよさ、後者は木の欠点・欠陥を重視する。たとえば木材には、見て触って気持ちよいなどのメリット（木善説）と同時に、縮む、腐る、燃えるなどデメリット（木悪説）もある。そのどちらを強調するかが問われるわけである。

一般に誰が木善説論者で、どんな人が木悪説論者か。

実は建主は前者で、建築家ほど後者なのだ。建築家にとっての木材とは、燃える、腐る、地震に弱い、反る、縮む……と悪いイメージばかりの素材である。だから木材を使いたがらない。

あるいは使う木材にこれらの欠点を抑えた加工を求める。寸法が狂いにくい合板・集成材のほか、改質（薬剤の含浸、熱加工など）木材とか塗料を十分に塗って耐腐朽性・耐火性を高めた木材だ。いかに「木の悪」を隠すかを優先して材料を考える。

実際に「住宅産業はクレーム産業」と言われている。建主にとっての住宅は、一世一代の買い物だ。ところが新築なのに数カ月で木材の乾燥が進み隙間ができる、あるいは木の梁が割れることもある。繊維方向の割れは強度に影響ないのだが、住人が驚いてクレームを入れてくるわけだ。ときには強硬に建替えを要求する建主もいるという。

クレーム対応は嫌なものだ。手間やコストはもちろん、心理的にもプレッシャーとなる。とくに着工件数が多いハウスメーカーでは、クレームが多いと利益を食いつぶす。そこでクレームの出ない方法を考えると、木材は使わない方がよいという結論に至るのだ。

しかし、それが木を殺してきたのではないか、木のよさを消してしまったのではないか……そう自問する建築家もいる。木の香りが気持ちよいとか、木肌は柔らかくて触り心地がよいなどと宣伝するものの、肝心の木を過度に乾燥させたら香りも抜けている。分厚い樹脂塗料を塗れば、木肌を触っているつもりで樹脂を撫でているのと同じだ。木のよさがわからなくなる。それなら金属やコンクリート、合成樹脂製の新建材に替えた方が簡単に目的を達せられるだろう。

あるシンポジウムでの出来事だ。「地元の材を使ってほしい」という意見が出る中で会場から手が挙がり、工務店の経営者だと自己紹介したうえで「私は絶対に地元の材、国産材を使いません」と断言した人がいた。理由は、すでに紹介した乾燥問題や寸法問題、それに流通の問題があるからである。そして「ちゃんと乾燥させてくれと製材所に言っても、全然やってくれない。現場に納入する期日も守られない」と不満を滔々と述べた。

結局、外材の方が安心できる。商社が間に入って仕切るため、量も流通も齟齬なく実行してくれるからだ。だから長く外材に頼るようになってしまった。

最近はさすがに国産材の業界も改善が進んできた。寸法もまっとうになってきた。注文の翌日に配達します、という宅配便並の製材所もある。しかし工務店の仕入れルートはすでに外材仕様になってしまっているから、外材と同じレベルならあえて国産材に替えるインセンティブに欠ける。正直手間をかけたくないというのが本音だろう。

区別がつかない国産材と外材

二〇一三年から二年間、木材利用ポイント制度という国の補助制度があった。住宅建築の部材や家具などに木材を使ったらポイントをつけて、購入特典（税金から支出）を与えるものだ。姑息な発想と思うが、ようは国産材を使わせようという狙いだった。これで国産材の需要を伸ばし、業者も国産材の扱いに慣れるだろうから、その後も使い続けるだろう……という目論見だったようだが、制度が終わると元の木阿弥だった。

しかも、補助制度を国産材に限るとＷＴＯ（世界貿易機関）の自由貿易原則に違反することになるので、「地域材」という言葉を使ったのだが、結局のところ海外からクレームが来たため幾種類かの欧米産木材にもポイントをつけた。もはや誰のための制度かわからなくなった。むしろ国産材の「安定供給ができない」「乾燥材が少ない」「製品のアイテムが少ない」といった弱点のほか、合法証明や森林経営の持続性などの条件に対応できる業者が少ないことが露呈して、「やはり国産材は使いづらい」という印象を強めただけではなかったか。

建築家の中には、日本の森、日本の林業への関心を持って「国産材を使った家づくり」を標榜する人もいる。しかし国産材の現実に満足しているわけではない。本音を言えば面倒くさい、欠点も多い、と秘めた思いを持つ人もいるだろう。

また国産材の住宅を標榜しつつ、実際の建築には輸入建材が混じっていることも珍しくない。すべての材料を国産材で調達するのは難しいし、外材の方が向いている用途もあるのは事実だが、その点をちゃんと建主に説明しておかないと誤解を生む。

建築家、そして工務店は、林業家と建主の間の橋渡しをできる位置にいる。しかし、建主の声を山に届ける、山主の声を建主に知らせる、というその役割をはたしているだろうか。

II．残念な林業家たち

7 見失っている木育の対象

現代社会は、身の回りから木製品が減ってきた。とくに量的な減少だけでなく、人が目にしたり、触るところに使われる木製品が減っている。

大多数の日本人は、便利さを優先して木の出番を奪ってきた。価格優先で商品の選択を行ってきた。これまで普通に木質だった家具や身の回りのグッズ……たとえば箸一つとっても割箸や木箸をプラスチック箸に替えてきた。以前は木でつくられていた積木のようなおもちゃも、気がつけば合成樹脂製ばかりが目立つ。それが本当の木の姿を知らない人を増やし、いよいよ木を排除する社会にしてしまったのだろう。

もっと木に親しもう、木のことを学ぼうという運動が起きた。それが「木育（もくいく）」だ。

この言葉は、二〇〇四年に北海道で誕生した。きっかけは林業振興のため道産木材をもっと使ってもらいたい、そのためには子どもたちに木のよさ・大切さを学んでもらおうという発想だったそうだ。木育という言葉も「すでに〝食育〟という言葉があるから、〝木育〟があってもいいじゃないか」というノリだったという。その後多くの人々が関わる中で、単なる産業振興策にとどまらず、幅広い運動に発展する。

今や内容は、木に親しむ、木を学ぶだけでなく、森や自然環境教育全般を含む意味になった。そして「人と、木や森とのかかわりを主体的に考えられる豊かな心を育むこと」が目標とされたのである。なかには「森育」という言葉も使われている。

木育は多くの人々の共感を呼んで広がり、政策にも取り上げられた。二〇〇六年に閣議決定された林野庁の「森林・林業基本計画」にも「木育」という言葉が入っている。ある意味「木育」をしなくては「日本の木の文化」が衰退するところまで追い詰められたと言えなくもない。そして全国各地で多くの人々が活動を始めたのである。当初こそ林業振興の狙いもあったが、やがてより広い情操教育へと拡散していく。そして「人が木と森に寄せる気持ちを育てる」のが木育だと謳い上げた。

ただ広がりつつある木育にも心配な面がある。

現在各地で開かれる木育イベントを覗くと、子どもに木のおもちゃを与えるだけのイベント

子供を木に触れさせる木育イベントが全国で開かれている。

に単純化されているところが散見される。あるいは木の知識や利用法を教えるセミナーになってしまいがちだ。木のおもちゃが悪いわけではないし、木の知識を得るのも大切だが、本質と何かズレてきている気がする。

北海道では「木育マイスター」という資格をつくり、木育のための人材養成を行っている。それを追いかけるように各自治体や団体が、木育に関するインストラクターやアドバイザーと名付けた資格を設けるようになってきた。それが資格ビジネスとなり「流派」も生まれてきた。

その結果、それぞれ木育の中心人物が定義付けた趣旨や活動内容に縛られて、自分たちの定義に外れる活動に対して牽制するような動きや発言を耳にするようになった。イベントの取り合いも起きる。

　このように、画一的な行事と化したり、セクト主義化が進んだりするようでは、〝木育〟は迷走を始めたと言えるのではないか。

木に触っても森はわからず

　私自身も木育とは何を学ぶのか、あるいは育てるのか、疑問を持っている。講演などでよく訴えるのは「自然の中で遊んだ子どもらは、自然を守る人に育ちますか」という問いかけだ。たとえば農山村の自然いっぱいの環境で暮らした子どもも、大きくなると村役場に勤めたり、建設会社を経営したり、なかには議員や首長にもなる人もいるだろう。彼らが率先して川を三面コンクリート張りにして、山を削って鉄筋コンクリートの庁舎や施設を建てたがるではないか……。

　単に自然に触れていれば自然を大事にする心が育つわけではない。森に入り、木のおもちゃで遊べば、森や木が好きになるというほど子どもたちは単純ではない。むしろ森は怖かった、汚れて不快だったという思い出ができるかもしれない。欲しかったゲームを買ってもらえず、木のおもちゃをあてがわれた残念な記憶が焼きつくかもしれない。

　やはり自然界に対する知識と自らの行動をつなげ、未来を考える訓練がなければ効果が出ないのではないか。たとえば一本の木を伐る、川に汚れた水を流す。それが自然界にどんな影響を与えるか考えてみて、ようやく環境の大切さが身につくように思う。

ちなみに木育の普及に努めている某大学の教授は、「木育の敵は誰？」と問われて「木育の敵は教育（者）」と答えた。木育を教育の一つと認めたがらない声があるのだ。教育界全体のセクト化が進み、「気持ちよい」「楽しい」という感覚を重視した多様な教育方法を認めない傾向にある。それが木を子どもたちの周りから遠ざけてしまうらしい。

一方で、木育（あるいは森育）は、誰に向けて行うべきかという疑問もある。

子どもたちや消費者である一般人もいいが、林業家や木材業者、行政関係者、そして教師も対象であるべきだろう。彼らは森や木材に関するキーパーソンだ。しかし木材については知っていても森について詳しくなかったり、あるいはその反対の場合もある。仮に知識は豊富でも他人に伝える技術がない人もいるだろう。

それらを身につけて、木を伐ること、木を使うことで自然はどんな変化を起こすの

木のおもちゃがたくさん展示された木育イベント。

か、自然界はどんな循環をしているのか……といったことを伝える役割を担ってほしい。森や木を直接扱う人々が木育の最前線に立てば、発信力も実行力も格段に大きくなる。仕事を通じて森や木の素晴らしさを伝えたり、施設の建設や護岸工事に木材や自然石を選択肢に入れたりすることもできる。

木育の各〝流派〟でいがみ合ったり、子どもを見くびって、ただ木のおもちゃを与えておいたらよしとするようでは成果も怪しい。

Ⅲ・滑稽な木材商品群

1 〝見えない木〟合板需要の功罪

木造建築が減って、鉄筋コンクリートの建築物が増えた。オフィスビルはもちろんだが、住宅に関しても一戸建ての木造住宅よりは鉄筋コンクリートによる集合住宅が目立つ。なかには一〇階建て、二〇階建て、さらに高いタワーマンションも多い。当然、木材需要は減っている……と思われがちだ。

しかし鉄筋コンクリートの建築物は、意外と木材消費の大きな代物である。木材なくしてコンクリートは使用できないからだ。

そもそもコンクリートとは、砂利などを骨材にしてセメントと水とともに混ぜ合わせたものだ。それを流動性のある状態のまま型枠に流し込み、時間をかけて水と反応させてセメントを硬化させる。型枠の形にコンクリートは固まるわけだが、言い換えると型枠がないと実質的にコンクリートは役に立たない。この型枠を、一般にコンクリートパネル、略してコンパネと呼ぶ。そしてコンパネのほとんどが木製なのである。

コンパネは、一部に金属製・プラスチック製もあるが、木製の合板が重宝されている。合板は、丸太をロータリーレースと呼ぶ機械でかつら剥きして薄い板（これが単板、ベニヤ）にし、それを繊維の向きを直交させながら数枚（たいてい奇数枚）張り合わせてつくる。そのため広い面につなぎ目が現れない。板や角材は原木の直径に左右されるが、合板は理論上はいくらでも幅広くできる。通常のコンパネは最大で約一八〇〇×九〇〇ミリ、厚さ一二ミリのサイズだ。また木製ゆえに現場での切断も容易であり、一部に曲面をつくることも可能だ。コンクリートが固まった後は、外して処分する。樹脂塗装して耐水性を持たせ幾度か使い回すこともあるが、表面にセメントが付着すると次のコンクリートが汚れてしまうので、通常は三回程度まで。何より安価だから使い捨てしやすい。

コンパネにもっとも向いているのがラワン、メランティと呼ばれるフタバガキ科の熱帯産広葉樹材による合板である。なぜ熱帯産材を使うのかと言えば、ロータリーレースで剥きやすいうえ、年輪がないため合板表面が平滑で樹脂も出ないためだ。樹脂があると硬化不良を起こしやすい。ただし、最近は技術革新で針葉樹合板も増えてきた。また合板の内側のベニヤを針葉

東京の木材会館ビル。鉄筋コンクリート製ながら外観内装に木材を多用している。

樹材（スギ材）にして表面はラワン材という造りもある。

ともあれ、コンパネ需要は建築業界で小さくない。コンクリートが固まれば用がなくなるわけだから完成した建築物に木材が使われているとは言えないが、木材を消費していることに違いない。見えない木材消費なのである。

しかもコンパネは建築用途だけではない。土木資材でもある。コンクリートは、むしろ土木用に多く使われるが、それらにも当然ながら型枠は必要で、大きな木材消費になっている。だから道路や河川護岸、治山事業なども大きな木材需要の現場だ。さらに木造住宅であっても基礎にコンクリートを打つのが普通だろう。

しかし、いずれも廃棄されるまでの時間は短い。何百年もかけて育った熱帯雨林の大木を安い合板材料にして、数回の使用で捨ててしまうわけである。

しかも熱帯産木材の多くが持続性を担保された森林経営ではなく、違法伐採、もしくはグレーな状態で伐り出され輸出されているものが多い。かつて日本の輸入する熱帯産材の大半がこのコンパネ用途だったために、日本の街が熱帯ジャングルを破壊するという批判が強かった。現在でも東京オリンピックの施設になる国立競技場の建設に、こうしたコンパネが使われたと指摘され、国際的なＮＧＯから批判が沸き上がったこともあった。

奈良時代の復原建築に合板

コンパネだけでなく、合板は今や建築に欠かせない資材だ。木造住宅でも構造用合板を多用する。構造用合板とは建築物の耐力を備えた厚めの合板で、屋根や床、壁の下地に多く使用する。合板はあらゆる方向からの力に抵抗力があり、建築物の耐力を増すには非常によい素材なのだ。しかも厚さや幅などを自在に調整できる。以前は土壁にしたり板を一枚ずつ張ったり間柱（まばしら）を入れたりと手間のかかった施工部分が、合板を使えば非常に簡単で早く仕上がるようになった。ただし、完成した建物の表面に合板は現れない。これも使用しているのに表に見えない需要だろう。

私は、奈良の平城宮跡に復原された大極殿を建設途中に取材したことがある。大極殿は一三〇〇年前の奈良の都で天皇が執務や行事を執り行った巨大建築物だ。東大寺の大仏殿に次ぐ大きさで、直径八〇センチ級のヒノキの丸柱が数十本並んだ光景は壮観だった。この復原のため当時の構法や構造を研究してそれと同じように建てられたという。ところが建築現場に入って驚いたのは、屋根や壁に合板が張られていることであった。

奈良時代に合板はなかったはずだが……と質問すると、建築基準法に合わせて耐震強度を保たねばならないが、昔の構法では基準を満たさない。そこで見えないところに合板を入れて耐力を強化しているという。なお土台にはコンクリートとゴムの免震装置を備えていた。このコンクリートにも合板が使われたはずだ。

コンパネのようにコンクリートが固まれば用なしになるわけではないが、合板は常に見えないところに使われる木材である。

合板に使われるベニヤ板は、かつては直径一メートル以上の熱帯産広葉樹の丸太を二〇センチくらいまで薄く剝いてつくられた。しかし、現在は針葉樹丸太も使える。直径二〇センチ程度の丸太を、芯が四〜五センチになるまで剝けるようになった。

日本では豊富にあるスギ材を合板用に使うことが増えた。少し曲がりのある、いわゆるB材を合板に使うのだ。これを推進したのが林野庁の「新流通・加工システム」と名付けた施策で、合板工場が国産材を使えるよう設備を更新するのに補助金を交付したのだ。この補助制度は成功して、国産材合板の製造が一躍増えるきっかけとなり、木材自給率を上げる力にもなった。林野庁的には自慢の政策である。

しかしB材価格は安く利益は薄い。林業界にとって合板需要の増加は痛し痒しだろう。

III・滑稽な木材商品群

2 木を見せない木造建築の罠

「見えない木材消費」として合板を取り上げたが、本命の木造建築にも妙なことが進行している。木造なのに「木を見せない」建築が増えているのである。

木造の一戸建て住宅にもさまざまな構法があるが、これは合板のパネルを張り合わせた家づくり。

現在の住宅は、木造と言いつつ柱や梁など木肌が見えない家が少なくない。壁にクロス（壁紙）を張って木材部分を見えなくする。これが現在主流の建築法なのである。

この事態を説明する前に、木造建築のいくつかの構法を紹介しておこう。

日本の木造建築は、垂直に立つ柱と、柱を結ぶ横組の梁、土台など角材による軸組（じくぐみ）が構造となる軸組構法が大半を占めていた。

ただ戦後アメリカから入ってきて広がったのが、角材と板材の中間のような厚さのツーバイフォー（2×4）材を使った構法だ。柱はなく壁が屋根を支えるものだ。さらに大きなパネル（面になった建材）を組んで壁とするパネル構法の家も増えた。ほかにログハウスのように丸太を横に積み上げて屋根を支える構造の構法もある。

さて主流の軸組構法だが、これは真壁(しんかべ)構法と大壁(おおかべ)構法に分かれる。日本の伝統的な家づくりは真壁構法と呼ぶもので、柱や梁が見える。柱と柱の間に間柱と呼ぶ細めの柱を入れて、土や漆喰などを塗り重ねるか板で壁をつくる。もっとも今は石膏(せっこう)ボードや合板などを張ることも増えた。一方で屋内は襖のように取り外し可能な仕切りも多い。だから襖を外すと柱の周りは何もなく、柱の木肌がよく見えた。梁も同じだ。天井付近を見上げると梁が通っているのが目に映る。

ところが、戦後日本で増えたのが大壁構法だ。こちらは襖を基本的に採用せず、壁と柱、梁の上に布や紙、ビニール系の新建材のクロスを張る。また畳の間もなく床をフローリングにする。同じ軸組み構法でも、柱や梁などを見えなくした。これは戦後の木材不足の時代にマッチした。どんな木でもよい。いや鉄骨を使ってもよい。同時に洋風デザインにも向いていた。もしかすると当時は、木の家を貧しく感じ、新建材のクロスをオシャレに感じる時代の風があったのかもしれない。なおフローリング部分は一応木製(合板が多い)だが、その上にはカーペットを敷かれる。

ちなみに住宅建築のうち木造率は五割程度で、一戸建て住宅の約八割が木造、さらにそのうち軸組構法は八割ほどである。ただ真壁工法は、もはや約一%にすぎない。大壁構法が圧倒している。今や木造住宅の大半は大壁構法であり、木を見せないのである。

見えるところに木を使いたくない

見えなくても木材を使っているのなら……と思いがちだが、実は大きな差がある。真壁構法のように木が見える家の場合、その木の見た目にこだわりが生まれる。木目や節の良し悪しが大きく響くのだ。木にこだわる文化も生まれた。節の数や配置のバランスなどにこだわったり、無節が喜ばれることもあった。無節や木目が密な木材は、枝打ちをするなど手間をかけて育てるから価格も高い。逆に言えば木は高く売れたのだ。

ただ、木の見た目へのこだわりは、逆の現象も生む。たとえば赤身の多いスギは使うな、と建主に言われたケースも耳にした。スギは芯材部分が赤くて、それを喜ぶ人もいるのだが、白い辺材(へんざい)と並ぶと白赤のだんだら模様になってしまう。それを嫌がる。すると工務店もスギ材を忌避するようになる。

しかし、大壁構法では木を見せないのだから木の見た目にこだわる必要はない。節や色などは気にしない。つまり大壁構法が増えると、見映えが悪いために安くなった木材で済ませられるのだ。あるいは集成材や合板、鉄骨柱でもよくなったのである。

もっとも大壁構法でも見た目にこだわる部分はある。扉やフローリング、階段、作り付けの家具……など建具や壁、インテリアだ。そこで見た目のよい木を使えばよいのだが、必ずしも求めている色や木目の部材がいつも手に入るとは限らない。そこでそんな心配のない新建材（合成樹脂製など）を使いたくなる。値段も安くすむ。表面を理想的な木目や色に印刷して木らしく見せれば、建主に満足される。結局、木造住宅でも見えるところには木を使いたくないというのが、建築家や工務店の本音なのである。

しかし、逆に考えてみよう。木造建築なのに木が見えない建物。そこに住む人々はどのように感じるだろうか。たしかに隙間はできず、腐ったりすることもなく、また耐火性能なども高いかもしれないが、本物の木を目にすることも触ることもなくなる。当然、木のよさを実感することもない。ということは「見えない部分の木材」にも関心がなくなるのではないか。木造建築そのものに興味がなくなるだろう。

かくして本物の木造建築物は建てられなくなってしまうのである。

Ⅲ・滑稽な木材商品群

3 普及するのか国産材CLT

現在注目されている木質建材はCLT（クロス・ラミネーティッド・ティンバー。和名は直交集成板）だ。厚さ数センチのラミナ（板材）を、繊維方向を九〇度ずつずらせて（直交させて）張り合わせたパネル状の建材である。いわば分厚い合板のようなイメージ。合板は薄いベニヤ板を張り合わせるが、CLTは板を使う。こうすると縦横に強いマテリアルに仕上がる。コンクリートに負けない強度を得られるうえに軽いので耐震性能も上がる。欧米ではCLTを使って一〇階以上の木造ビルが次々と建てられている。計画では八〇階建てビルの建設案さえ出されている。

現在、技術製造面からは、CLTは従来の集成材と変わらないレベルになっているという。

板の木目を直交させて張り合わせた建材 CLT。国産材で製造すると割高になる。

むしろ法律などの縛りが、CLTを十分に使えない理由になっている。これまでの建築基準法は、CLTのような新たな建材を対象にしていなかったからだ。

CLTが注目される理由はいくつかある。

まず建材としての可能性が広い。コンクリートよりも軽く、コンクリートのように養生期間（乾燥・硬化期間）が必要なく工期が短くなる。太い柱をなくすことも可能なために内部の間取りにも余裕ができる。その分、設計の自由度が広がるだろう。

さらにマクロ的に見ると、木材の使い道はこれまで住宅資材が大半だったが、需要は縮小の一途である。一軒当たりの使用量もそんなに多くない。ところがCLTはオフィスビルなど非住宅建築にも使える（というより、そちらの用途が主要）から広い需要が見込める。また製材や集成材などを生産する木材加工業者も、CLTの製造という新たな仕事を生み出せると期待しているのだろう。

私自身も、CLTは建材として面白いと思う。これまでの建築技法をひっくり返す可能性も秘めている。すべてCLTで建てなくても、壁だけ、フローリングだけ、さらには屋根材、デッキやベランダなどにも使えるかもしれない。

歩留まり一五%の現実

しかし、日本の林業に与える影響を考えると別問題だ。使用する木材のボリュームは増えるが、ラミナを張り合わせるため傷や曲がりが少々あってもかまわない。つまりB材以下を材料として製造される。内側になる板は品質を気にしない。それは安い材で十分ということだ。もっとも原木からCLTを製造する歩留まりは約一五%だという。

これは、ちょっとショックな数字だ。ラミナを何枚も張り合わせる際、都合の悪い部分（たとえば節や傷のある部分）を外し、さらに張り合わす表面をまっ平らにするためカンナがけを繰り返すためだという。複数のラミナの厚さを均一に揃えようとすると歩留まりは悪くなるのだ（欧米では各ラミナではなく、張り合わせて完成したCLTそのものの寸法を計測する）。今後技術が進歩したら歩留まりを上げることができるかもしれないが、原木の一五％しか使えないのに木材の有効利用と言えるだろうか。

ちなみに山から搬出されるのは、樹木全体から細い梢に近い部分や曲がっている根元部分、さらに枝などを切り捨てた幹の一部にすぎない。そこからさらに削るわけだから、ＣＬＴに使われるのは、樹木全体の数％になってしまうだろう。そのほかの部分はせいぜいバイオマス燃料である。

現在の国産ＣＬＴの価格は、立米（りゅうべい）単価で約一五万円する。だが欧米では半額以下の七万円台。政府のＣＬＴ普及ロードマップによると、今後国産も七万〜八万円まで下げる方針だという。さもないと輸入ＣＬＴと戦えないからだ。

本当にそれが可能なのだろうか。欧米が安いのは、やはり市場が広くてスケールメリットがあることと、工場設備の性能が非常に高いからだ。日本では、当面は量が見込めないため、製造コストを合理化だけで下げるのは無理だろう。すると、価格を下げるために原木価格をより安く仕入れるしかない。しかし、それでは林業振興にならない。

ちなみに二〇一八年のＣＬＴの国内生産能力は八万立方メートルだ。林野庁は二〇年度に生産能力を一〇万立方メートルとすることを目標にしていて、補助金でＣＬＴ工場を次々と建設させている。ただ需要となると、一七年で二万立方メートルにすぎなかった。おかげで工場は完成しても、稼働していないところが大半だ。

あげくに二〇一八年の政府の補助金に、ＣＬＴを一立方メートル使うと最大一五万円補助するという項目を設けた。つまり実質的にＣＬＴは無料になる。建設資材の購入費を直接助成する制度も初めてだが、ＣＬＴの価格を七万円台まで引き下げる目標を掲げておきながら一五万円の補助が出たら、コスト圧縮の努力は鈍るに違いない。もはや何がしたいのかわからない。ＣＬＴによる建築には、ほかにもさまざまな名目で補助金が出されている。こうでもしないとＣＬＴを使用した建築物が増えないのだろう。

さらにスギなどの国産材だけでＣＬＴをつくるのは無理という声も上がっている。国産材は安定供給が難しく工場の稼働率に響くほか、スギ材の強度が弱い、乾燥が難しいことを理由に挙げている。だが外材のラミナを輸入してＣＬＴを製造したのなら、林業再生にも山村振興にもならない。単にＣＬＴ製造を行うメーカーが潤うだけである。

また日欧ＥＰＡ（経済連携協定）も発効したことで、ヨーロッパ産ＣＬＴの輸入も解禁される可能性が高まっている。これまではヨーロッパ産ＣＬＴに使われている接着剤の種類などが日本の規定に合わずに輸入は難しかったが、関税も撤廃され輸入障壁は除かれる。

どうやらＣＬＴには三種類生まれそうだ。まずは国産材ＣＬＴ。次に輸入ラミナを使って国内でつくる国産ＣＬＴ。そして輸入ＣＬＴである。このうちどれが伸びるか。いや、その前に日本でＣＬＴ建築は本当に増えるのだろうか。性能はともかく、建築側からすると構造計算などに未知の要素が強く、二の足を踏む声もある。

ＣＬＴ自体は面白い建材だが、日本の林業振興に大きく寄与することはないだろう。

Ⅲ・滑稽な木材商品群

4 セルロースナノファイバーの憂鬱

スウェーデンのマルクス・ヴァーレンベリ賞をご存じだろうか。森林や木材科学の研究に与えられる賞であることから、「森のノーベル賞」と呼ばれることもある。ノーベル賞と同じくスウェーデン国王から授与される非常に格式のある賞なのだ。

二〇一五年の受賞者は、三人の日本人だった。日本人として、いやアジアでも初めての快挙だ。受賞した日本人は、東京大学大学院農学生命科学研究科生物材料科学専攻の磯貝明教授と齋藤継之准教授、そしてフランス・グルノーブルの植物高分子研究所に所属する西山義春博士の三人。受賞テーマは、セルロースナノファイバー（CNF）の効率的な製造法。タイトルは「CNFのTEMPO触媒酸化に関する画期的な研究、および木材セルロースからナノフィブリル化セルロース（NFC）を高効率で調製する前処理方法として、この酸化を利用開発した業績」。素人にはさっぱりわからないが、特殊な酸化反応を使用することで、従来の六〇分の一〜三〇〇分の一のエネルギーで三ナノメートルの均一なCNFを分離する技術である。

CNFとは何だろうか。これは、木材からつくり出される画期的なマテリアルであり、それが次世代の巨大な産業になると目されて、国も力を入れている。次世代の日本の林業を支えると言われることもある。それが本当に可能なのか検証する前に、まずCNFとは何かから説明しよう。

一般に植物は、セルロースおよびヘミセルロース、リグニンから成っている。セルロースとヘミセルロースはいわゆる植物繊維で、それらの隙間を充填（じゅうてん）しているのがリグニンだ。よくセルロースは鉄筋、ヘミセルロースは針金、リグニンはセメントにたとえられる。鉄筋コンクリートという建材と、木材の構造は似ているかもしれない。ともあれ、この構造で樹木はセコイアのように高さ一〇〇メートルの幹を支え、屋久杉のように数千年も生きられる。そして木材としても法隆寺の柱のごとく一〇〇〇年経っても強度を保つ強力な建材であり続けるのだ。

このセルロースをナノ（一〇億分の一）メートルレベルまで分離したのがCNFだ。これにはナノフィブリル化セルロースとナノ結晶セルロースの二種類があり、サイズや物性に違いはあるものの、いずれも鋼鉄の五分の一という軽さで七〜八倍の強度を持つ。さらに熱変形が少なく（ガラスの五〇分の一）、生分解性、生体適合性、可食性などにも優れた特性を示す。またナノレベルゆえ透明にも加工できる。

木材の利用といえば、これまで丸太を切って角材や板に小さく成形する方向と、逆に小さく分けた板や角材、あるいはチップ・木質繊維を合体させて集成材や合板、パーティクルボードなどの素材にする方向があった。ちなみにセルロースだけを絡ませて薄く伸ばしたのが紙である。

しかしCNFは、こうした木材利用をガラリと変える。これをほかの物質と混ぜ合わせると、強さと軽さを併せ持つ材料がつくれるとされるからだ。

たとえばCNF入りの素材で自動車のボディにしたら、強靱で軽量だから重量が減らせるため、走行に必要なエネルギーも小さくなり省エネになると期待する声もある。さらにタイヤのゴムも窓ガラスもCNF入りにすれば強度が高まり安全性も上がるだろう。また強度の高いガラスや超薄型ディスプレイも可能となるだろう。スマートフォンに使えばより薄く、そして割れないようにできるかもしれない。さらに食品や化粧品、塗料、接着剤、あるいは医薬品の安定剤にも使えるのではないか。このように幅広い用途が見込め、いつか金属素材に取って代われる夢の素材とされている。

ただ産業化へのネックは、生産方法だった。木質からセルロースを取り出すのは製紙産業が日常的に行っているが、その後ナノレベルまで分離するには莫大なエネルギーや化学的処理が必要でありコストも高かった。

ところが、磯貝教授を中心とするチームが開発に成功した手法なら、低コスト、低エネルギーでCNFを取り出せるのだ。だからマルクス・ヴァーレンベリ賞を受賞したのである。なお京都大学を中心とした産官学連携グループが開発した「京都プロセス」と呼ぶCNFの製造加工法も注目されている。

現在、製紙メーカーや化学メーカーがこの分野に力を入れて取り組んでいる。とくに製紙各社は紙に代わる商品と予想して注目しているようだ。

このような説明を聞くと、理想の素材、究極の材料のように感じるだろう。マテリアルとしての機能が有望なだけでなく、セルロースは地球上で最も多く存在する炭水化物であり再生可能だから、枯渇する心配はない。そしてCNFの原料として木材の需要が増えると思わせる。実際にCNFを紹介する記事には、これで木材の需要と価値が上がり、林業振興に結びつくという論調が少なくない。だが、本当だろうか。

プラスチックあってのCNF

まずCNFは、単体では実用的な素材ではない。使える形にするには、樹脂などに混入させる必要がある。ところが親水性のCNFに対して樹脂は疎水性。簡単ではないのだ。たとえば期待の「TEMPO触媒酸化法」も、CNFは溶媒に数%溶けた状態でしかなく、このままで樹脂に混ぜるのは困難だ。繊維を疎水化させる「京都プロセス」も、濃度やコストなどでまだまだハードルがある。

それにCNFの強度が高いということと、CNFを混入した樹脂製品の強度が高いということは一致しない。CNFを電子部品や自動車、建築材料などにするためには、製品レベルの性能を確立させねばならない。実験室レベルで可能なことも、実用化して実際の商品になるまでには越えなくてはならない壁が多くある。

環境省は、CNF強化樹脂を利用して自動車をつくる「ナノ・セルロース・ビークル」プロジェクトを掲げている。二〇一六年度から始まり、既存の自動車の幾つかの部品をCNF強化樹脂などに置き換えた試作車を完成させようとしている。ところがCNF強化樹脂は、剛性は高いものの耐衝撃性が低いという欠点が見つかった。自動車部品としては致命的かもしれない。硬いから自動車ボディに向いている、というほど単純ではないのだ。それを克服する研究も進められているが、実用化するまでには数々の壁が登場するだろう。

なおＣＮＦと混ぜる樹脂の多くが石油などから合成されたもので、ようするにプラスチックである。プラスチックで固められたＣＮＦは自然界で分解しない。マイクロプラスチックの蔓延が環境問題として指摘される中、ＣＮＦ製品は受け入れられるだろうか。また安全性も未確認だ。樹脂成分が溶け出す心配も考えなければならない。そのための基礎的データを集めている状態である。

加えて価格もネックだ。現状はざっと固形ＣＮＦ一キログラムで二万円もする。この単価では、通常マテリアルと置き換えるのは厳しいだろう。エネルギー収支も、本当に実用化に向いているのか疑問がある。

このようにＣＮＦの実用化までにはまだまだ時間がかかりそうだ。そしてＣＮＦ商品が世に出る時代が来たとしても、それが林業に貢献するとは到底思えない。

なぜなら、原材料はセルロースを含むすべての植物だからだ。言い換えるとセルロースを含む物質ならなんでもよい。樹木に限らず、竹や稲ワラなど草本類や海藻からも取り出せる。さらに膨大な農業廃棄物、いや食品廃棄物も対象となるだろう。

つまり木質素材という言い方をするものの、とくに原料が木材である必要はない。仮に木材がもっとも材料に向いているとしても、使われるのは製材廃材、製紙用チップ、あるいは使い道のない雑木になるだろう。それによって林業家の取り分が増えるとは到底思えない。それは

ＣＬＴと同じように、建材・素材としては面白いが、林業振興にはつながらない代物である。結局、林業家にとって別世界の話なのだ。

Ⅲ・滑稽な木材商品群

5 再生不可能なバイオマス発電

日本はシャングリラ（理想郷）らしい。日本人にとって、ではない。海外のバイオマス燃料バイヤーにとってである。彼らが日本のバイオマス発電市場をこのように表現しているのだ。なぜなら、底なしの需要が見込めるからだそうである。

5000キロワット級のバイオマス発電所では、年間6万トンの木材を必要とする。

これまで再生可能エネルギーといえば、大半が太陽光発電だった。それに風力発電が続いていた。しかし、二〇一七年頃からバイオマス発電が急伸し始めた。二〇一八年三月時点で政府がFIT（再生可能エネルギー固定価格買取制度）で認定しているバイオマス発電の容量は約七四〇万キロワットに達している。太陽光発電がパネルを設置するだけでよいのに対し、バイオマス発電は大きな施設の建設が必要だから出遅れたものの、いよいよ稼働を始めたのだろう。

政府は二〇三〇年時点で電力消費の約四%、約四〇〇万キロワットをバイオマス発電で賄う目標を立てていた。ところが、建築申請は二倍以上の約一〇〇〇万キロワット分にも達している。

認定を受けた中でも最大クラスなのが、愛知県の田原市と山口県の下関市に建設予定の七万五〇〇〇キロワット級の発電所。このほか全国各地に二万〜五万キロワット級の計画が並んでいる。

いずれも臨海地帯にあるのが特徴である。なぜなら燃料は山からではなく、海から来るからだ。計画では、燃料を北米で生産される木質ペレット（製材屑を固めたもの）や東南アジアからのPKS（アブラヤシの実の搾りかす）、さらにゴムノキ廃材など、輸入で賄うものが九五％を占めていた。国産の木質燃料はほとんど当てにされていない。

輸入燃料が主流になる状況を政府の担当者は「制度設計当時は想定していなかった」と言うが、手遅れである。もちろん現実には、それほどの燃料の輸入は不可能だろう。たとえば木質ペレットなら年間三〇〇〇万トンは必要だが、一六年に世界で流通した発電用ペレットは一四〇〇万トン。ヤシ殻も同じようなものだ。仮に日本が世界中の流通量を全部独占しても足りない。それを無視した各社の計画だったのだ。

しかも問題は量だけでなく、日本がどんどん購入するため値段が急騰している。燃料が高くなれば採算は厳しくなる。それで諦める……のではなく、日本の業者は当初の計画の発電規模では黒字を見込めないから、より規模を拡大する方向に進めた。スケールメリットで利益を確保しようというわけだ。

一時期、バイオマス発電が林業の救世主になるという声があった。燃料という新しい木材需要が生まれると期待したのだ。それなのに何が起きているのか。バイオマス発電の裏事情を探ってみよう。

未利用材を利用する不思議な発電所

バイオマス発電が普及し始めたのは、東日本大震災の福島原発の事故後にエネルギー面で制定されたＦＩＴによる。石炭・石油・天然ガスなどの化石燃料とは違い、再生可能なエネルギーによってつくられた電力は普及のため高く買い取る制度だ。その分、電力料金に上乗せできることになっている。木材も再生可能である。これまでは発電燃料とするには価格が安すぎて、山からの搬出に必要なコストと引き合わず使われなかったが、ＦＩＴでそのコストを折り込んで高く設定された。それがバイオマス発電を推進したのだ。

林野庁は、日本の山に残された未利用材が年間二〇〇〇万立方メートルもある、それが燃料として高く買い取られるから林業界は潤うと夢をふりまいた。未利用材とは、細かったり曲がったりする、長さが足りない材、あるいは伐採後、丸太にする過程で切り落とす枝や梢、根株などの部分である。これらが金になると吹聴したのだ。

ＦＩＴによるバイオマス発電燃料価格は、幾種類かに分かれる。未利用材のほか一般木材（製材廃材や輸入バイオマス）、リサイクル木材（建築廃材）などに区分して価格に差をつけた。なかでも未利用材にもっとも高い価格（一キロワット三二円）を設定した（後に未利用材による小規模発電の場合は別途四〇円枠も設けた）。

未利用材による発電燃料価格を木材価格に換算すると、大雑把だが一立方メートル当たり七〇〇〇円以上を見込める。これまでは一〇〇〇〜二〇〇〇円程度だから採算に合わないと山に残したのだが、これなら出せる。そこで近隣にバイオマス発電所のある地域の林業地は、未利用材を山から出すようになった。おかげで林業における売り上げの下支えになりつつある。

未利用材を燃料とするバイオマス発電所の採算を考えると、五〇〇〇キロワット級以上となる。実際、初期に建設された発電所はこのクラスが多い。この規模の発電所では、年間約六万トンの燃料が必要になる。約一〇万立方メートルだ。

年間一〇万立方メートルの木材とはどれくらいか。近年の各県の年間木材生産量は、たとえば愛知県で約一一万立方メートル、福井県が約一五万立方メートル、奈良県で約一八万立方メートル。埼玉県は八万立方メートル余り。もちろん現在生産している木材は、すでに製材や合板などに使われているわけだから、新たに木質バイオマス発電を始めるには、燃料材分を上乗せ生産しなければならない。たとえば埼玉県の生産量をいきなり二倍以上の一八万立方メートルに増やすのは、極めて厳しいと誰だってわかるだろう。

しかも、毎年である。最初は林道や作業道に近くて運び出しやすい分を出すだろう。だが、それらは数年間で底をつく。すると遠くの、道から離れた場所から運び出さねばならない。あるいは新たに道を入れる。当然コストが跳ね上がる。FITの嵩上げ価格でも赤字になる。

集荷距離の限界は、（自動車搬送で）だいたい半径五〇キロ圏とされる。それ以上となると、輸送費がかさんで採算が合わなくなるからだ。ところが発電所はできたものの燃料調達に苦労して、五〇キロ圏以外からも調達する業者も増えてきた。あるいは苦労して搬出困難地から運ぶより、建材にもなる木材を燃やす方が簡単と考える業者も出てきた。たとえば合板用のB材価格は七〇〇〇円に届かないこともあるから、燃料にしてもFITのおかげで損しない。用材に使える木材は「一般木材」（一六年度は一キロワット当たり二四円）に区分すべきだが、「未利用材」扱いするのである。

バイオマス発電の燃料は根株や枝条、端材でもよい。

最近では山で伐り出した木材をすべて燃料にする業者も増えている。A材B材C材D材……と分けるには手間とコストがかかるが、出した木を全部燃料とするなら仕分けコストがかからない。その方が儲かると計算したのだ。ただ高い価格をつけるはずのA材をD材扱いにされたら山主にとってはたまったもんじゃない。

実際、すでに未利用材は集められないと見切りをつけて、一般木材によるバイオマス発電所の建設が増えている。電気の買取価格は未利用材より安いが、規模を大きくすれば採算が合う。ただ規模が大きければ燃料も多くいる。冒頭で紹介した七万キロワット級発電所では年間八〇万トン以上の木質燃料が必要だから、到底国内で集められる量ではない。そこで船で運んできた輸入燃料を即投入できる港湾近隣に建設するのである。

バイオマス燃料の急増に商機到来と力を入れているのは海外バイヤーだけではない。国内の商社や製紙会社各社も同じだ。

だが、ここで原点に返ってもらいたい。なぜ再生可能エネルギー、そしてバイオマスエネルギーに眼を向けたのか。なぜ電気料金の値上げを覚悟してまでＦＩＴを導入したのか。

CO_2排出を増やすバイオマス発電

再生可能エネルギーを使うべき理由は、地球温暖化対策だった。再生可能エネルギーは温暖化ガスの二酸化炭素を発生させないからだ。そこに東日本大震災後に原発稼働が難しくなったことも後押しした。そして木質バイオマスを利用することで林業振興、山村活性化に結びつける期待もあった。

これらの点を検証する。まず植物資源が再生可能なのは間違いない。植物は生長する。もちろん消費量と生長量のバランスが求められるが、その点は置いておこう。ただ発電のために燃

アブラヤシ農園。実から油脂を搾ったかすがPKS。

焼させると二酸化炭素が排出される。その炭素分は、植物が生長する際に吸収した分と同じ量だとみなす。この理論をカーボン・ニュートラル（炭素の排出・吸収量が同じで差し引きゼロ）という。

ならばゼロであり削減ではないことになるが、一般の火力発電は石炭・石油・ガスのような化石燃料を燃焼させて行うから排出がプラスだ。それを置き換えてゼロにするのだから、全体として削減になる……という理屈である。

だが、本当だろうか。まずカーボン・ニュートラルというのが怪しい。樹木の生長時に吸収する二酸化炭素と燃焼時に排出する二酸化炭素は同じであっても、木材の伐採搬出と輸送に莫大な化石燃料を使っている。加工（チップ製造）にもエネルギーが必要だ。国産材なら輸送距離は短いが、外材だと距離は飛躍的に延びる。とくに燃料にするために輸入される木質ペレット

（主に北米産）やＰＫＳやゴムノキ廃材など（主に東南アジア産）は地球をまたぐ遠距離輸送だ。船やトラックを動かすのは化石燃料である。

そのうえアブラヤシのプランテーション開発は、天然林を伐採して二酸化炭素を排出していると指摘されている。さらに問題なのは、ヤシ園を開いた土地の多くが泥炭湿地であることだ。湿地ではアブラヤシが育たないので排水設備を整備して地下水位を下げるのだが、すると微生物によって泥炭の分解が進み、二酸化炭素を排出する。それが馬鹿にできない量であることがわかってきた。

そのほか細かい点は省くが、バイオマス発電は総体として二酸化炭素排出抑制に寄与していないと多くの研究者が指摘し始めている。

違法操業のオンパレード

木質バイオマス燃料は、カスケード利用によって調達することに意味がある。

カスケードとは品質レベルに合わせて複数回利用する意味だ。木材なら最初は丸太を無垢の製材品とし、その製品が使われなくなったらチップにしてパーティクルボードや紙などに利用し、紙は再生紙として幾度か使い、最後に燃料として利用する……といった段階的な利用法だ。これなら伐採・搬出・輸送に関するエネルギーコストは各用途で分散できる。ところが日本の

ＦＩＴは、直接山から未利用材を搬出して燃やす設定にしてしまった。

なおバイオマス燃料の需要が増すにつれて、製紙材料のチップがバイオマス用に流れる現象も起きている。製紙メーカーは製紙原料の国産化を進めてきた。使用する針葉樹チップの七割は国産材で、その多くが林地残材や製材端材だった。それらをごっそりバイオマス燃料に取られるため、製紙はまた外材に頼らざるを得なくなっている。

また日本で使われるバイオマスエネルギーは発電だけ。それではバイオマスの持つエネルギーの二割以下しか利用できず、残りは熱として捨てていることになる。欧米のバイオマス発電では熱利用も行うし、イギリスには通称「熱のＦＩＴ」と呼ばれる木質の熱エネルギーに対する補助制度（化石燃料との価格差を埋める補助金）もあるが、日本では採用されなかった。

輸入燃料の場合は、使用者の払う割り増し電力料金の一部が海外に流出することになる。それは日本経済にとっても好ましくない。もちろん日本の林業に何の役にも立たない。

そして重要なのは、ＦＩＴは開始より二〇年間で打ち止めになることだ。その間にコストを下げて割り増し価格でなくても採算を取れるようにすべきなのだが、バイオマス発電のような燃料価格に左右される発電方法では、おそらく無理だろう。つまり二〇年を過ぎた発電所は、電力買取価格が安くなって採算が合わなくなり、停止することが想像できる。おそらく廃墟として放置されるだろう。そして林業界も、いきなりＤ材の引き取り手を失う。

林業への影響は、それだけにとどまらない。燃料用木材は、形状や品質にこだわらない、傷があっても、折れていても燃やせる。だから、ただでさえ搬出コストを下げたい業者は、量を出せる皆伐をしたがる。するとまた機械をフルに使った荒っぽい作業になる。

なおバイオマス発電ではなく、太陽光発電でも大規模なソーラーパネルの設置場所を求めて森林を切り開くケースが増えている。森林という二酸化炭素の吸収源を減らすのだから、FITの理念に反するだろう。そんな本末転倒の事態が各地で進行している。

私の元には、バイオマス発電所で働く人から匿名の報告が届く。匿名ゆえ事実関係の裏取りはできないが、内容を紹介しておこう。

「産廃である建築廃材を価格の高い未利用材と偽ることは日常茶飯事。福島原発事故で問題になった放射能汚染木材チップも燃料に使用していました。さらに自社土地内に特別管理産廃や強アルカリ性物質を埋め立てたり、地下水の無断使用もしているし、ダイオキシンや高濃度塩素の混じった水も無断で河川に排水しています。水質検査の数値改竄（かいざん）の為の採水地点の虚偽記載もやっている。そして労災隠しなど、問題のオンパレードです」

こうした〝告発〟に反論できる発電業者はいるだろうか。

III. 滑稽な木材商品群

6 ハードウッドと大径木の危機

海外の森林は減少しているが、日本の森林は飽和状態になっている、だからもっと国産材を使わなくては環境のためにも林業のためにもならない……という論調がある。だが、この主張には疑問符が付く。

まず地球規模で考えると、森林面積は必ずしも減少していない。むしろ増加傾向にある。二〇一八年八月のネイチャー誌の論文では、衛星画像を利用して一九八二年から二〇一六年までの地球の土地被覆の変化を調べたところ、樹冠被覆地（高さ五メートル以上の植物のある土地）は七%、面積にして二二四万平方キロメートルも増加していたとする。日本の面積が約三八万平方キロメートルだから、莫大な森林が新たに誕生している。

熱帯域では森林の減少が深刻だが、亜熱帯〜温帯〜亜寒帯域の森林は面積・蓄積とも増えているのだ。森林面積が増加した理由は、大面積の造林が行われたからである。日本や欧米だけでなく、中国や東南アジアなどでも造林が進められてきた成果だろう。

そして木材の生産量も減少していない。むしろだぶつき気味だ。世界全般で木材生産が過剰に行われており、そのため市場で供給過多となって木材価格も下落傾向にある。言い換えると、造林された森からの木材産出が増えていることを意味している。

一方で日本の森林面積は、統計上たいして増えていない。一九六〇年代には現在とほぼ同じ約二五〇〇万ヘクタールであった。面積は横ばいなのだ。ただし、当時は雑木の疎林で小径木しか生えていなかった。そこにスギやヒノキの大造林を行い、五〇年以上を経て太く育ってきた。だから日本の森林蓄積、つまり木材資源は増えたと言える。

このように記すと、世界でも日本でも森林や木材供給は心配ないと安心されるかもしれない。だが気をつけてほしいのは、造林された樹種は、日本ではスギやヒノキ、世界でもモミ、トウヒ、パイン(マツ)、カラマツ……など針葉樹が中心だということだ。針葉樹は木材として使いやすいうえ、比較的生長の早いものが多いからだろう。つまり世界中で増えている森林とは針葉樹林であり、供給されるのも針葉樹材が主流なのである。なおユーカリ、アカシア、ポプラなど生長の早い広葉樹は造林されているが、材質がさほど硬くなく主に製紙原料になっている。

また世界的に造林が盛んになったのは、二〇世紀に入ってからだ。つまり初期に植えられた所でも一〇〇年程度である。しかも人工林は五〇年前後で伐られることが多い。早生樹種にいたっては二〇～三〇年だ。こうした〝若木〟でも木材になるが、質は違う。

つまり、森林面積も供給される木材量も増えているが、足りない木材、枯渇する森林資源もあるのだ。それが広葉樹材と、大径・長大材（針葉樹、広葉樹とも）である。

枯渇した熱帯産広葉樹材

まず広葉樹材について見ていこう。一般にハードウッドと呼ぶ。英語で広葉樹のことをハードウッドというからだが、広葉樹の大半は材質が硬い。ちなみにソフトウッドというと針葉樹を指す。概して材質が柔らかいからだ。

針葉樹と広葉樹の区別は、一般に針葉樹がとがって細い葉で、扁平な広い形の葉が広葉樹であることとだろう。ただ幹の形にも注目してほしい。針葉樹が比較的まっすぐ伸びるのに対し、広葉樹は幹が曲がりくねったり枝分かれしやすい。そのためハードウッドで長い直材は採りにくいのだ。それに生長が比較的遅いため造林をあまり行ってこなかった。天然林を伐採して調達するのが一般的だ。それゆえ森林破壊を助長し広葉樹資源を枯渇させている。

ハードウッドには木肌の美しい樹種がある。たとえばチークやマホガニー、ローズウッド、イペ、ウォルナットなどは、木目や木肌の色合いなど見た目がよいだけでなく、硬くて摩耗に強く、虫食いや腐朽に強い。さらに寸法安定性も優れている。だから防腐剤などの塗装をしなくても長持ちし、メンテナンスが非常に楽だ。材にもよるが、二〇～三〇年はメンテナンスしなくても利用できる。そのため家具のほかフローリング、ウッドデッキ、外壁材などに向いている。また響性から高級楽器にも重宝される。だから世界的にハードウッド人気は高まっているが、資源は危機的だ。

温帯地域では古くから広葉樹の大木を伐り続けてきた。日本では、ケヤキのほかミズナラやトチなどの木が使われたが、近年はほとんど出てこなくなった。かつては家具用材のほか鉄道の枕木用としても欧米に輸出するほどだったのだが……。

また熱帯産ハードウッドのチークやイペ、ウリンなどの採取が熱帯雨林全体を破壊していると指摘されている。たとえば一本のイペを伐り出すために、周囲を切り開いたり、道を入れて森を劣化させてしまうのだ。それぞれの国の環境や持続性を守る法律に違反しているケースが目立ち、取引自体が規制されてきた。とくにローズウッド、マホガニーなどの樹種は絶滅の危機に瀕しており、ワシントン条約の規制下にある。

高級家具はたいていハードウッドでつくられているが、現在その材料はほとんど輸入材。それが徐々に手に入らなくなってきた。

ハードウッドを生産するための広葉樹造林を行おうという声はある。ただし収穫できるまで

市に出されたトチの大木。1本数百万円の値がついた。

三〇〇年もかかる樹種ではなく、早く生長する樹種を植えるものだ。日本ではセンダンやチャンチンモドキなどが注目されている。とはいえ栽培技術は十分に確立されていない。林業家も早生広葉樹の造林には二の足を踏んでいるのが実情だ。

長大材の資源は歴史的に枯渇

長大材が枯渇した点については、あまり説明する必要はないだろう。歴史的に太くて長い木は伐られ続けた。建築だけでなく、造船や橋梁などに欠かせなかったからだ。

古代エジプトからギリシャ・ローマ、そしてペルシャでも大量の船と土木工事で莫大な大径木を消費した。それによって主要材料のレバノンスギは絶滅一歩手前まで減少してしまった。一五～一七世紀のヨーロッパでは大径木材によってつくられた船が世界の海を席巻し、世にいう大航海時代を開いたが、今ではほとんど枯渇した。

日本では奈良の東大寺を始めとする社寺・宮殿などの古代建築は、直径一メートル前後の大径木で長さ一〇メートルはあるヒノキ材を柱に使っていた。しかし江戸時代初期にはスギやケヤキに替わった。建築様式もその頃にヒノキを使う書院造りから小径木のスギや雑木を利用した数寄屋造りへと移り、寺院建築もケヤキ柱が流行るようになる。

明治になると、日本は台湾を領有してタイワンヒノキの大径木を採取し寺社建築に使うようになったが、それも戦後は不可能になった。そこで北米のオールドグロスと呼ばれる、天然林から伐り出される高樹齢のベイマツ、ベイスギ、ベイツガといった大径木材を輸入するようになる。それも今や伐り過ぎで資源が枯渇して伐採規制がかかっている。国内ではヒノキやスギの造林は成功したが、直径一メートルになるまで育てることは滅多にない。やはり数十年で伐採してしまうのである。そのため古代建築の復原はおろか、修復も昔と同じ木材を使うのは無理になってきている。

日本だけでなく欧米諸国も、自国内の大径木が枯渇すると、東南アジアやアフリカ、中南米の森林に大径木資源を求めた。それらの国々の国内法の不備やガバナンスの欠如をついて伐採されたものを輸入したのだ。これが熱帯雨林の破壊を進めた。

ハードウッドはともかく、長大な木材を得る方法として集成技術がある。細い木、短い木をつなぎ合わせて大きくする技術だ。実際、欧米では集成材が広く使われている。大断面集成材やCLTのような建材が登場しているのもそのためだ。また合板も大きさの制限をなくした。日本でもそこそこ普及しているが、欧米ほどではない。そこには根強い無垢材信仰があるようである。日本人は張り合わせた工業的建材に対する抵抗感があり、無垢の大径木、長大材を求めがちだ。

かくしてハードウッドや長大材が危機的状態であるにもかかわらず、日本では出所がどこかも気にせず「増えすぎた木材をどんどん使おう」と号令をかけているのである。

7 国産材を世界一安く輸出する愚

「林業を成長産業にする」ための手段として「木材の輸出」がよく挙げられる。木材の捌け先の一つとして木材の輸出状況についても考えたい。

現在、日本の木材の海外輸出が急増している。数年で二倍三倍になる勢いだ。新たな輸出先として目立つのは中国、韓国、台湾で、とくに中国向きは爆発的に増えている。その点を平成二九年度森林・林業白書から引用してみる（図表2－3－7参照）。

二〇一七年の木材輸出額は前年比三七％増の三二六億円。国・地域別で見ると、中国が一四五億円、フィリピンが七四億円、韓国が三七億円、米国が一九億円、台湾が一六億円と続く。

2-3-7｜日本の木材輸出額の推移

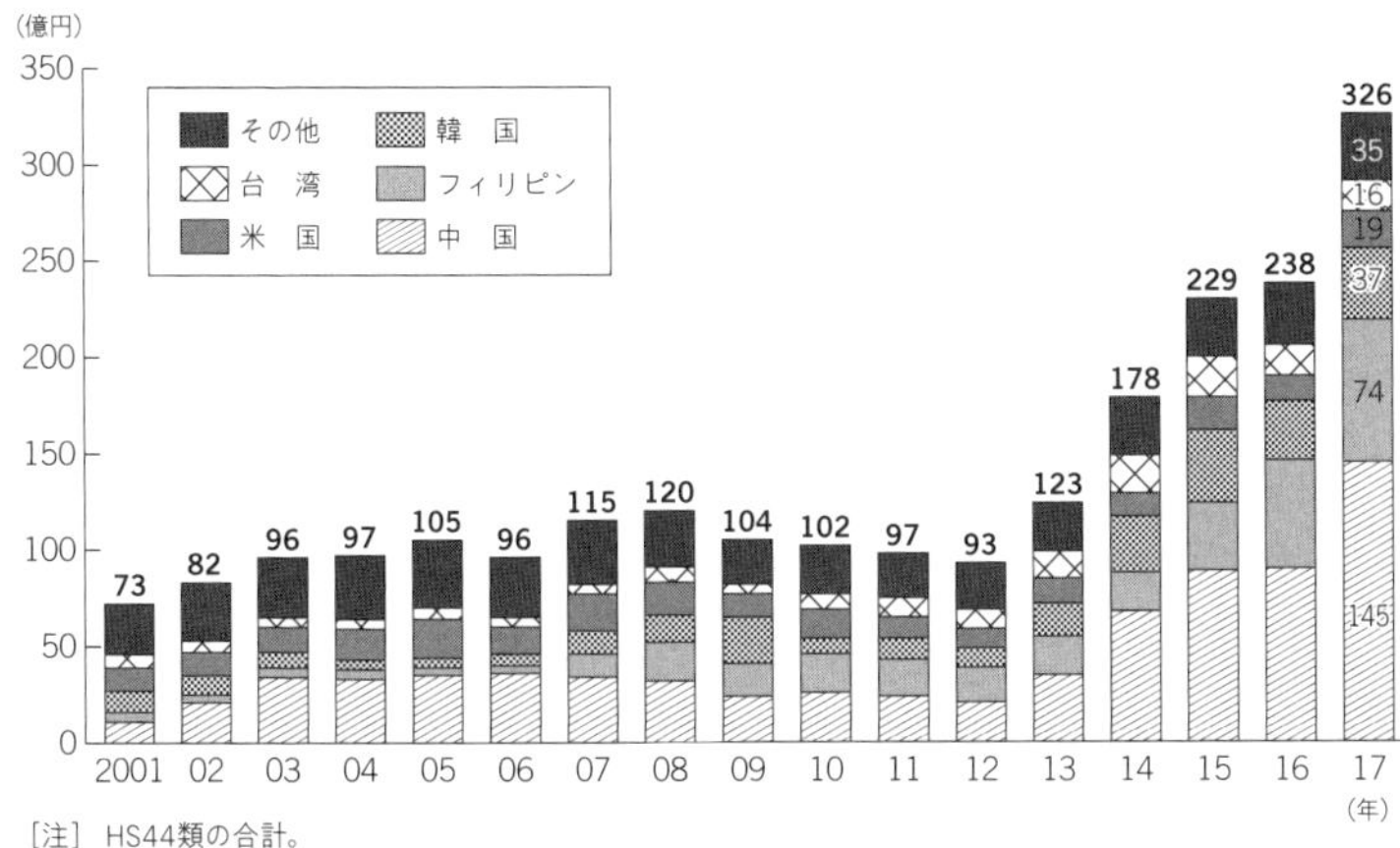

［注］HS44類の合計。
資料…財務省「貿易統計」
出典…平成29年度森林・林業白書

品目別では、丸太が一三七億円（前年比六二％増）、製材が五四億円（前年比四三％増）、合板などが六三億円（前年比二八％増）。フィリピン向けは主に合板だが、そのほかの国の多くは丸太が主だ。丸太は輸出額全体の約四割を占め、九九％が中国・韓国・台湾向け。そのほか目立たないが、ベトナム向けも増えているという。

では、これらの輸出された木材を量で見るとどれぐらいになるのか。木材消費の面から確認するには、量で見ないとわかりにくい。ところが白書のどこにも掲載されていない。木材量がわからないと、丸太や製材の単価も概算できない。これは不思議だ。日本が輸入する木材に関しては品目別や国・地域別に木材量でしっかり示されているのに（たとえば丸太輸入量は約三六五万立方メートル、製材九九七万立方メートルなど。逆に金額ベースでは記されていない）。このちぐはぐさは、何か意図的なものを感じる。

だが、ある程度は読み取れる。まず丸太は製材加工品より安価で嵩張るのは間違いない。たとえばスギの製材品価格は丸太の約五倍になるのが一般的だ。輸出額の約一七%を占める製材は、木材量的には五分の一の三%程度ではないか。ただし製材の歩留まりを半分として原木換算すると六〜七%となる。合板は製材より若干安くて歩留まりもよいだろうが、合わせても量的には十数%。これを逆に読むと、輸出額の約四割である丸太は、量的には八割以上を占めるのではないか。白書にも「丸太中心の輸出」という言葉がある。

また木材の用途を見ると、全体の約四五%を占める中国では、主にスギ丸太から梱包材、土木用材、コンクリートパネルなどをつくるという。いずれも材質をあまり問わない用途だ。おそらく使われるのは、日本でB材C材と呼ばれる価格の安い丸太だ。曲がりのきついC材も、中国では製材すると聞く。多少曲がっていても短く刻めば気にせずに使えるのだろう。

米国向けは、住宅フェンス等に使われるベイスギの価格が高騰したため代替にスギが求められて増加したとある。ベイスギより安いわけだ。中国で加工されたものが多いそうだから、中国に輸出された丸太が回されているのだろうか。韓国向けは内装材にするヒノキが多いようだが、輸出の六割は丸太で行っている。もっとも製材加工は中国で行うケースも増えているという。

輸出で伸びているのが中国向きのスギ丸太。宮崎県日向市の細島（ほそしま）港。

安いから売れる国産材

どうやら木材輸出で伸びているのは、価格の安い丸太が中心のようだ。それを裏付けるように、中国を訪れた日本の林業関係者は、中国のバイヤーに「日本の木材の魅力は、何といっても価格」と聞かされたそうだ。安いから買うのであって、品質を求めているのではないという。そして「日本の木材は世界一安い」と言われた。

日本の木材は安いから買う。品質は関係ない。高い木材は買わない。製材品も高くなるから買わない……これが中国のバイヤーが日本の木材に注目する理由なのだ。

日本側としては、安い丸太ばかり売れても利益が薄いので、高級材や製材輸出に切り換えていきたい。白書にも今後は製材品の輸出に力を入れると記している。しかし中国側は、日本の製材品など眼中にないのである。

ちなみに中国でもっとも高く取引されているのはカナダ材だそうである。最終的な使い道に合わせた木材を揃えているから、買い手も少々の高値を惜しまない。その点、日本の木材は汎用的な単なる素材扱いである。安いだけが取り柄なのだ。

台湾はどうだろう。台湾林業の研究者に台湾事情を聞くと……。

台湾は国土の五八％が森林で、日本でも阿里山（ありさん）の巨木林が有名だ。日本に多くのタイワンヒノキが輸出された時代もある。だから林業も盛んなのかと思ってしまうが、なんと現在の木材自給率はコンマ以下、ほとんどゼロなのだ。木材需要の九九％以上を輸入で賄っているという。

台湾政府も木材自給率を上げようと躍起になっており、林業界に補助金を注ぎ込んで台湾産材を使うよう政策誘導しているという。ところが、そこに安い日本の木材が流れ込んでくる。当然、業者はそちらに飛びつく。

「日本の安い木材のせいで、台湾の木材自給率が上がらない」と台湾の林業政策担当者に嘆かれているのである。

結局、日本の木材が海外で求められているのは「安い」からに尽きるのではないか。しかし安いから売れても利益は薄い。山元への還元はあまり期待できない。そもそも急増したとはいえ輸出額が年間三二六億円程度では、売り上げとしては決して大きくない。日本の林業を底上げする力はないだろう。

高くつく国産材を安く輸出

「日本の木材は安い」と聞いて、世間には怪訝な思いを持つ人もいるかもしれない。なぜなら家を建てようとすると「国産材を使うと高くなる」と信じられているからだ。また「安い外材に押されて、日本の林業は衰退した」と今も思っている人が少なくない。これらの言説の怪しさはこれまでに繰り返し記したが、残念ながら国産材の原木価格は極めて安い。そして木材価格は、ここ三〇年ずっと下がり続けている。

では、国産材の生産コストはどうだろう。実は「世界一高い」と言われているのだ。最新の白書によると、スギ人工林の造成・保育にかかる費用は、植栽から五〇年生まで育つのにヘクタール当たり二四五万円を要したケースもある。これは欧米の造林費の一〇倍以上だ。

さらに育った木を収穫（伐採・搬出）し、製材する経費も馬鹿高い。機械化を進めているというが、生産性は施業面積が広く、生産から流通・加工までシステマティックに展開する欧米と比べるとまだまだ低く、コストは一・六倍以上。木材加工でも二倍以上のコストがかかっている。育てるのも収穫して製材加工するのも、極めて高いのだ。

莫大なコストをかけて育て、収穫した木を、採算度外視で海外に安売りしている……これが実情なのではないか。

なぜ、総合的に見て赤字になるような取引が進むのだろうか。それが可能なのは莫大な補助金があるからだ。一般に林業にかかる経費の七割程度が補助金である。おかげで林業事業体側が負担するコストは少ない。

もう一つ赤字取引を可能にするのは、山主が育林にかけたコストを無視してしまうことだろう。木が育つまでにかかった数十年の間に山主が払ったコストは、長期間にわたるゆえ見えづらく、うやむやにされやすい。とくに植林したのが親の世代であれば、コスト意識は薄まって諦めてしまうのだろう。

白書は、「スギ・ヒノキについて、丸太中心の輸出から、我が国の高度な加工技術を活かした製品の輸出への転換を推進するとともに、新たな輸出先国の開拓に取り組むこととした」と結ばれている。

どこに高度な木材加工技術があるのだろうか。製材業の生産効率や精密度は欧米メーカーに劣る。ある県の林業担当者がアメリカの木製サッシの工場に視察に行った際、国産ヒノキ材の見本も持っていったそうだ。木製サッシはアルミサッシよりも寒冷地に向いていて欧米では普通に使われる。しかも高付加価値商品。新たな木製商品として日本でも取り組めないかという発想だった。しかし窓などに使われるサッシは、非常に精密な加工が必要だ。結果として、日本から持っていった見本はすべて失格だったという。加工技術が劣っていたうえ、素材としてもサッシに向いていないと言われたそうである。

一方で中国の加工レベルはどんどん上がっている。さらに最近はベトナムが木材加工大国として台頭してきた。いずれも最新の機械を導入して精度の高い木材加工を施せるようになっている。日本で出回る家具も中国製に加えてベトナム製が急増中だ。日本の安い素材を輸入して、それを加工し付加価値を付けるのは中国やベトナムなのだ。とても「高度な加工技術を活かした製品の輸出への転換」ができる状態にない。

さらに世界市場では持続性と環境保全も重要視されている。森林を破壊して生産された木材は、市場から退場を求められる。明確な合法証明が求められるようになった。日本の木材の合法性の担保は、欧米の基準からはほど遠い。加えて、環境に配慮した森林経営と適正な木材流通を第三者が審査して証明する「森林認証」をほとんど取っていないのだ。

ちなみに中国は、森林認証を取得した業者が世界一多い国である。それは木材加工品を主に欧米に輸出するために対応した動きだが、もし日本の木材にも認証を要求し始めたら、ほとんど輸出できなくなるのではないか。

白書で「木材輸出が増えた」と林業への好影響を描いても、利益が出なければ山間地域は疲弊する一方である。そして世界ルールに従わなければ退場を求められるだろう。

IV・痛恨の林業政策

1 モラルハザードを起こす補助金行政

二〇一八年度に林野庁が設けた新たな補助金項目の内容を見て、とうとう来たか、と思った。主伐補助金である。前から予感はしていたのだが……。

正確には「資源高度利用型施業」と名付けられていて、伐採した木を搬出するコストを補助する制度だというが、資源の高度利用とは主伐のことだ。

主伐とは、基本的に育った木を全部伐る行為である。理屈の上では樹木をある程度残し、次世代の木々が育つ余地を残す伐り方もあるが、現実には一定の地域に生えていた木を一本残らず伐ってしまうことが圧倒的に多い。イコール皆伐と言ってよいだろう。

これまで国の補助金は、主伐には出されなかった。だから国の方針の大転換になる。林業が補助金漬けであることは、これまでも繰り返し指摘してきた。国と都道府県、ときには市町村の補助制度も使うと、作業費の七〜八割は補助金で賄うことも可能だ。全額賄えるケースもある。政策を補助金のばらまきで実行するのが常態化しているのだ。この問題は根深いのだが、その実態を今回の「主伐補助金」を例に見ていこう。

補助金とは税金であり、支出するには公的な目的があるべきだ。個人の経済行為に税金を費やすわけにはいかない。林業関連の補助金も、治山事業や松枯れ防除などはもちろん、森林の育成を行うことで水源涵養(かんよう)機能や山崩れ防止機能、生物多様性などを高め、最近は地球環境のため森を二酸化炭素の吸収源として役立てることを目的に掲げてきた。

植林だけでなく下草刈りや間伐にも補助金が出るのは、植えた苗木を育てるのに必要とされるからである。さらに道づくりや林業機械の導入にも補助が認められるのも、各作業を効率的に行い森づくりに役立つとされたのだ。

時代を追うと、まず荒れた山を早く造林するように植林の補助金が設けられた。やがて植えただけでは苗は育たないからと、下草刈りや雑木を除く除伐に補助金が出されるようになる。さらに保育間伐にも出るようになった。保育間伐は、植えた木のうち育ちの悪いものを切り捨てて、残した木の生長をよくするものだから森づくりに必要とされた。林道・作業道も各作業に欠かせないと、道づくりにも補助が認められるようになってきた。

こうした理屈から、伐採した木を搬出して販売する利用（搬出）間伐は経済行為だから補助金を出さなかった。ところが二一世紀に入ると、利用間伐にも補助金が出されるようになる。やはり森づくりに必要だとされたのだ。経済行為ではあるが、残した木の生長にも寄与するからである。しかも利用間伐のインセンティブを高めるためか、多く搬出するほど補助額が上がるという危険な施策が取られた。

それでも、主伐だけは補助対象にならなかった。これまで森づくりを行ってきて、最後の最後に木を全部収穫するというのは、長年育ててきた木をなくしてはげ山をつくる行為だからだ。つまり主伐は純然たる利益を得るための経済活動であり、それまで進めてきた森づくりを終了させて（公益的機能も）ゼロにもどす。それは、土壌流出や山崩れを起きやすくし、生物多様性を失わせるだろう。このはげ山をつくる行為を税金で推進するのは前代未聞であり、国の施策方針の大転換だと言える。

補助金がないと仕事をしない

現在すでに東北や南九州の各県では主伐という名の皆伐が進んでいる。一カ所で一〇〇ヘクタールを超える大面積皆伐地さえ珍しいとは言えない。しかも伐採後の状況を届け出から推測すると、伐採跡地（国有林を除く）の約六割が再造林されていないという報告がある。とくに秋田や山形では八割を超す。再造林していても、苗がちゃんと育っているか怪しい。

ちなみに山主にとって主伐は、利益を得る最大の機会であり、経営計画に沿って行うものだ。それ自体は非難すべきではない。山主が、将来の森づくりなどを考えて主伐を行うという結論を出したのなら、もちろん皆伐地の面積や作業手段、皆伐後の処理など環境保全への配慮は必要だが、森林経営上の判断と言える。しかし、それを国が補助金を出して後押し（というより強引に推進）するものではあるまい。

今回の補助制度について林野庁は「再造林を義務化する条件を付けています。すでに全国で進んでいる主伐に際して再造林を進めるために設けました。面積の上限は二〇ヘクタールです」と説明する。それなら再造林の補助で十分だが、資源高度利用という名のとおり、主伐によって木材搬出量を増やすという意図は隠していない。上限が二〇ヘクタールでも、隣接して五カ所で実施すれば一〇〇ヘクタールになる。

主伐するのは森林の若返りを図る目的もあると説明している。しかし植えた苗が野生動物に食べられてしまう可能性があるうえ、植林後に下草刈りや除伐が行われないと、苗はちゃんと育たないだろう。形だけ植えても、森にもどらない可能性は高いのだ。仮に順調に育っても再び森になるまでに数十年かかる。

「主伐に補助金」は一例にすぎない。数多くの補助金が、出せば出すほどひずみを生じさせている。とくに気になる補助金の弊害は、受け取る側の経営感覚を麻痺させてしまうことだ。や

宮崎県の100ヘクタールの皆伐地。こうした大面積伐採地が増えている。

るべきこと、やりたいことを行う資金が足りないから補助を求めるのではなく、補助金が使えることをやろうという発想になってしまいがちなのである。

林業関係者と話すと、たいてい林業の現状に対する嘆きが出る。間伐できない、道がない、材価が下がった……こうした嘆きの後に続くのは「政府にもっと考えてもらわないと困る」「もっと補助金を出してくれないと山が守れない」というところに落ち着く。一方で需給バランスが崩れて材価が落ちたら、地域全体で木材の出荷調整をするなどの努力をするべきだが、自分に痛みを伴う手だてはまず行わない。「補助金がつかないと仕事しないぞ」と開き直っているかのように感じる。

とはいえ現実に経費の大半が補助金で賄われているのだから、多くの衰退産業の中で林業は手厚い保護が施されている方だろう。しかし、それが補助金目当ての経営に陥らせている。だから改革努力を嫌う。まさに補助金依存症に陥っているのだ。

森林環境税という名の増税

二〇一八年六月に森林経営管理法が成立した。これも「主伐に補助金」と並ぶ「林政の大転換」と呼ばれている。

この法律に関しては山主の実態を記した部分でも触れたが、「林業経営に適した森林は、意欲と能力のある林業経営者（民間事業者）に委ねる」とある。一方で「林業経営に適さない森林は市町村が自ら管理を行う」とする。従来の〝森林は所有者が管理すべき〟という原則から踏み出して、森林管理に行政が強く介入することを可能にするものだ。

山主が森林の経営に意欲を示さず放置が進む事態に対して、行政主導で問題解決に向けて動き出した点は前向きに捉えられる。しかし驚くべきは、必ずしも所有者の同意を必要としない条項があることだ。市町村の勧告や知事の裁定によって、所有者の同意なしで五〇年まで「経営管理」できるとしている。さらに「災害等防止措置命令」もあって、危険と判断された森林は所有者の同意がなくても市町村が伐採などの命令を出せる。これも判断の基準が不明で、知事の裁定さえ必要なく森林を伐ることができる。

所有者が不明の場合はまだしも、仮に森林所有者が自治体の森林経営の方針に反対で、伐採や道の開削を拒んだ場合も強引に行える「伝家の宝刀」なのだ。山主は自分で考るな、お上に従えと言わんばかりだ。

そして、その施行を下支えするのが森林環境税である。国民一人一〇〇〇円の税金を徴収するのだから明らかに増税なのだが、不思議と誰も反対しなかった。なお集めた税金は森林環境譲与税として主に市町村に分配する。この金を元手に採算の合わない森林の管理を行うのだ。

あきらかにバラマキだが、これもお上の言うとおりにさせる仕掛けの一つだろう。

補助金行政は、お上にとってもっとも安直な施策推進法だ。金を出すから言うとおりにしろというのは、俗な言い方をすれば「札束で頬を引っぱたく」ことである。しかし施策の実行は、本来なら理念で説得するものだろう。その施策が全体そして当事者にとってプラスになることを説いて同意してもらうのが筋だ。きれいごとのようだが、補助金を使いすぎれば受け手を依存症にしてしまう。

近年の行政は、木材生産量を増やすためには税金を注ぎ込み、結果、森林の公益的機能を失っても致し方なし、というスタンスである。だがこれでは、林業の活性化のためと言いつつ、公共事業漬けに陥らせるやり方にほかならない。産業を育成するどころか壊死させる。ビジネスとしてもモラルハザードを引き起こし、正常な経営感覚をゆがめてしまうだろう。

2 無意味な「伐期」にこだわる理由

なぜ国は政策として主伐（皆伐）を推進し始めたのか。

林野庁の第一の言い分は、伐期の来た山は伐らねばならないから、ということだ。

伐期とは苗を植える際に収穫する年を人が設定するもの。実はスギやヒノキを植林する際、伐期をほぼ四〇年に設定したものが多い。スギの場合、四〇年ぐらいで胸高直径が二〇センチを超えて、木材として使えるようになる……柱や板が取れるという計算だったようだ。もっともこれは、昭和三〇年〜四〇年代の木材市況をにらんだ設定だ。当時は木材不足が深刻化していたので、いかに早く木を育てて収穫するかが課題だったのである。また当時の木材価格では、四〇年前後で収穫したら十分利益が出るはずだった。ただし、その後木材市況の悪化から実質的に二〇年延長している。つまり伐期は六〇年となった。

そして延ばした二〇年が近づき、いよいよ伐期になろうとしている。今や五〇年を超える木が増えたのだから伐らなくてはいけない、というのが「伐期が来たから伐る」の理屈である。実際の森を見て判断するのではなく、机上の数字だけを追いかけた施策なんだろう。

だが、この伐期に森林学的に意味はない。いや、林業的にもマイナスである。

まずスギやヒノキの寿命は一般に二〇〇年から三〇〇年とされている。もちろん五〇〇年以上育つ木も少なくないし、屋久杉のように数千年を生き続けるケースもあるとおり、条件次第なのだが、少なくとも植物的に成熟する（この定義も曖昧だが、生育が安定した状態と解釈しておく）のは一五〇年前後だと思われる。つまり四〇年、五〇年のスギなど、若造なのだ。樹木が成熟してからの材でないと、乾燥時の狂いが大きく、強度も低くなる。

一方で林業的な目で考えると、木材は太さによって用途が変わり価格も変化する。ところが樹木は土地の条件や生育中の人為的な管理方法によって育ち方はまったく違う。たとえば南九州のスギは四〇年で直径が三〇センチを超すこともあるが、奈良の吉野では八〇年育てても三〇センチ程度である。もちろん両者の木目は違い、木材の強度も変わり、当然価格も大きく差がつく。つまり伐期を樹齢で決めても意味はないのである。それでも直径が何センチに達したら伐る……というように決めるのなら、一応筋は通る。それを樹齢で決めるからおかしくなる。

2-4-2｜森林の（構造の）発達段階と機能（の変化の関係）

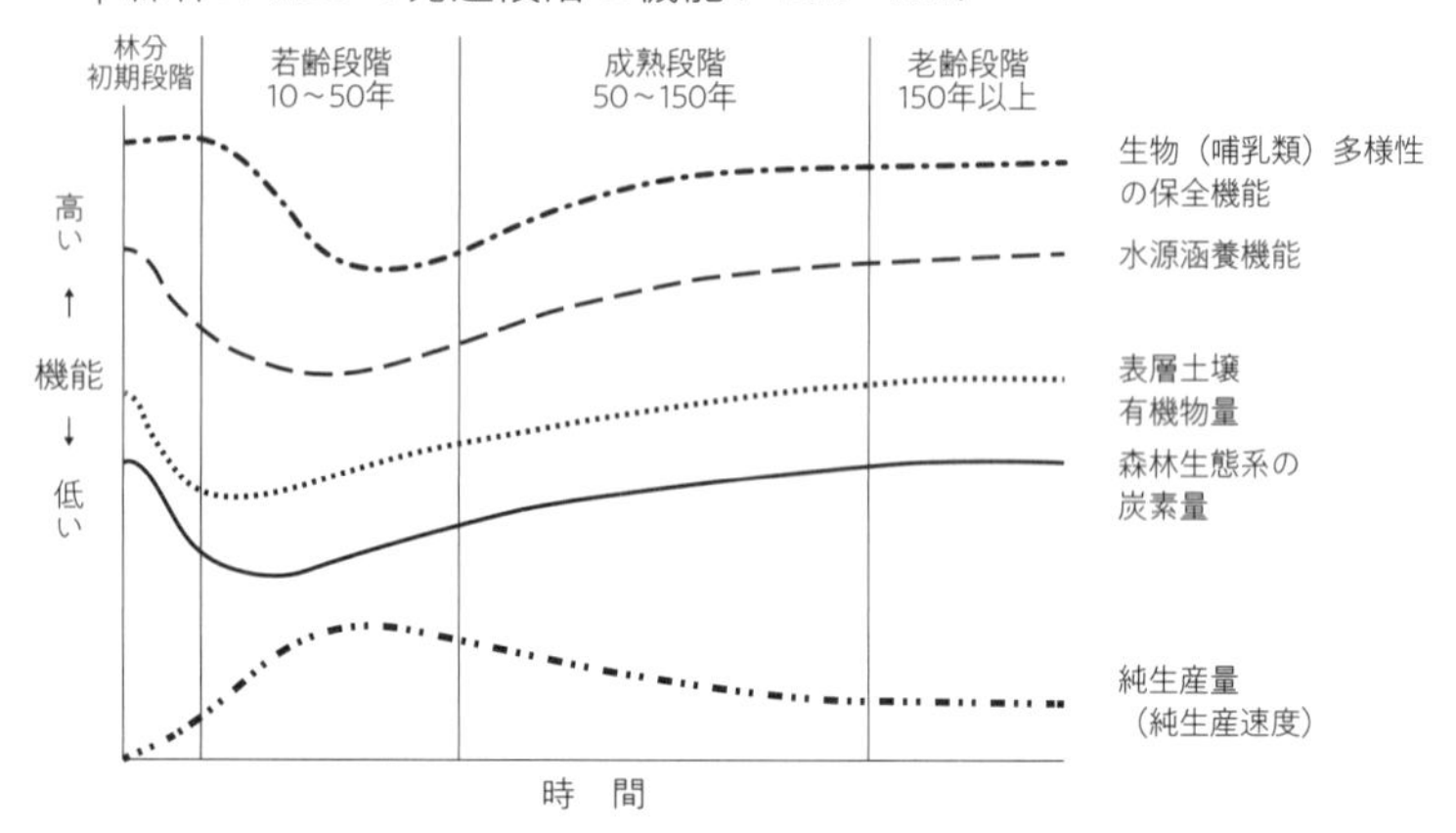

資料…森林の構造の発達段階に応じた機能の変化（Fujimori, 2001を一部修正）
出典…『林業がつくる日本の森林』（藤森隆郎著、築地書館　2016）

樹齢四〇～六〇年生のスギは、人間でいえば一〇代後半から二〇代前半のイメージだろうか。まだまだ伸び盛りであり、経験を積んだ成人になっていない時期だ。彼らを収穫するのは、いわば若者を戦争に兵隊として駆り出して、有為な人材を死亡させる愚行に近い。森林は六〇年経っても若い方で、水源涵養機能や森林の炭素蓄積量、生物多様性などの公益的機能のいずれも、まだまだ伸びることが研究で示されている。そんな若い森を伐ってはげ山にすれば、生態系も劣化する（図表2－4－2参照）。

伐らねばならない理由を探す

ヨーロッパなどでは、伐採樹齢は一〇〇年以上を目安にしているところも多い。なぜなら大径木の方が収穫（伐採）の際の生産性が高いからだ。太ければ一本の木で数立方メートルあるだろう。ところが樹齢六〇年（直径三〇センチ）のスギでは一本で一立方メートルにも届かない。伐採と搬出の労力を考えれば生産効率が格段に落ちる。

ただアメリカでは短縮する動きもある。七〇年伐期を四〇年にしたという話も伝わる。これは生長の早い品種を生み出したり、施肥を行って早く太く育てる工夫もするが、基本的には集成技術の進歩からだ。欧米では、木材を集成材や木質繊維のパネルに加工する場合が多い。板を張り合わせたり、チップを固めてボードとして太く厚くして使う。その方が長さや幅、厚さなどを自在にできる。こうした加工木材をエンジニアウッドというが、細い木でも使える点で有利だ。ところが日本は集成材やボードの利用率が欧米に比べて低い。無垢材指向が強いためと説明されるが、ようするに若木の使い道が十分に確立していないのである。

林野庁は、もう一つ伐らねばならない必要性を説明するのに「林齢の平準化」も掲げている。これは日本の人工林の林齢が偏っていることを指摘するものだ。林齢とは、森の年齢を指す。樹齢と言えば一本一本の木の年齢になるが、人工林の場合は一斉に植林するから生えている木のほとんどが同じ樹齢だ。だから林齢となると植林してからの年月を示すことになる。

日本では、戦後、はげ山になっていた山々を同時期に造林したところが多い。それが現在の四〇〜六〇年生の森である。しかしはげ山がなくなったら、次に植える土地がなくなった。そのため造林面積が一気に減る。最盛期には年間三〇万〜四〇万ヘクタールも植えられたが、近年はせいぜい二万〜三万ヘクタール。その結果、若い森が少なくなってしまった。グラフにすると五〇年あたりが山のピークで、若林齢と高林齢が低い麓になっている。

そこでボリュームのある五〇〜六〇年生の木を伐って跡地に苗木を植えることで森を若返らせ、林齢を満遍なく散らす必要があるという。どの林齢の森も同じ程度あることが年間の木材生産量を安定するという理由だ。

だが樹木は地域によって生長速度が違うのだから、同樹齢でも直径や高さは違ってくる。それに市場原理に合わない理由で伐採すると、供給の過剰や不足を招き、価格も乱高下（らんこうげ）する。それでは経営が安定しない。需要に合わせた生産こそが安定供給だ。

もし林齢の平準化を目指すのなら、むしろ高齢林を増やすべきだろう。林齢六〇年以降の森も間伐を続けていけば、残された木は大径木化する。さまざまな品質の木材を提供できるうえ、森林生態系も豊かにするだろう。

林野庁でも「林齢の平準化」では皆伐を推進する理由として弱いと感じたのか、研究機関に問い合わせて「四〇年で伐った方がよい理由」を探しているそうである。政策に合わせて科学をねじ曲げる御用学者探しだろうか。本末転倒と言わざるを得ない。

市場の見えざる手を縛る

林野庁が皆伐（主伐）を推進し木材生産量を増やしたがる理由は何だろうか。

まず「林業の成長産業化」である。この点は第1部の冒頭で触れたが、これは農水省や林野庁のレベルではなく、官邸の施策だ。それを受けて林業を成長したように見せねばならないという、焦りにも似た観念が垣間見られる。

しかし、何をもって林業が成長したと示せるだろうか。森林が健全に育っているといっても明確な基準で示せない。経済的な成長基準なら木材生産額や森林全体の生産額、あるいは利益率で見るべきだと思うのだが、成長度合を数値で示すのは難しい。なぜなら木材価格は変動が大きく、統計に馴染まないからだ。とくに単価が下落すると成長を描けなくなる。極端なことを言えば、二倍の量の木材を伐り出しても価格が二分の一になったら、生産額は変わらず成長していないことになる。

その点、伐り出す木材の量で測ると成長を示しやすい。だから経済指標に選ばれたのが木材生産量なのではないか。

さらに国は二〇二五年に木材自給率を五〇％以上にするという目標を掲げている（一七年の木材自給率は約三六％）。木材需要は縮んでいるが、国産材の利用が増えれば自給率の数字は上がる。そこで国産材の生産量を増やして需要に押し込む。経済の実体を無視しているが、官僚的な目標達成のためには有効だろう。

しかし従来の利用間伐による木材生産ではそろそろ限界だ。このままでは目標に近づけない。そこで一時的に大量の木材が搬出できる主伐を推進する施策を取ったように思えてならない。邪推だろうか?

ここで改めて経済面で林業を捉えると、若木であっても伐って利益が出るのならまだよい。利益の出る時期に伐ることは経済原則に適っている。森林環境的にはいささか問題だが、林業家が次世代の森づくりを進めるのなら少しは救われる。

しかし木材価格が下落して山主の利益は薄くなる一方だ。こういうときは「市場の見えざる手」によって供給量を絞るのが通常の考え方ではないのか。

それなのに「伐期」を理由にし、補助金も出すことで「市場の見えざる手」を縛り、大量の木材を市場に流している。何とかして、だぶついた木材を吸収する新たな需要をつくらないといけない。そこで公共事業などに木材を多用するものの、これでは税金で木材を購入しているにすぎない。そこで新たな使い道を模索する。合板のほかCLTやバイオマス発電。セルロースナノファイバー、そして海外輸出。

いずれもこれらの用途では林業振興につながらないことをすでに示した。利益は薄く生産量だけを費やす需要なのである。

この先森林資源が減少したときに、日本の林業がどうなっているのか。少なくとも成長産業にはなり得ないだろう。

Ⅳ・痛恨の林業政策

3 地球環境という神風の扱い方

戦後の日本の林業の流れを俯瞰すると、幾度も浮沈はあるのだが、その度に神風が吹いてきたことに気づく。木材不況が続いたかと思えば、いきなり木材価格が高騰する時期が繰り返し訪れてきたのだ。その当時の状況や理由をここで事細かく分析するのはやめておくが、一九九

○年以降の神風は、地球環境問題だろう。
それまでも環境問題が持ち上がることは度々あった。だが、それらは地域の環境問題であり、林業にはむしろ逆風だった。たとえば八〇年代に目立ったのは北海道の知床国有林の伐採反対運動である。結果的に天然林は伐りにくくなった。だから環境問題は林業にとって邪魔な存在だと見なされる。木材生産を抑制する方向に働くからだ。

ところが大きな転機となったのが一九九二年のブラジル・リオデジャネイロで開かれた地球サミット（環境と開発に関する国際連合会議）だ。これは国際連合が地球環境問題を持ち出した首脳レベルで初の国際会議だが、日本の林業にとっては追い風になったのだ。

といっても、林業が活性化したのではない。新たな補助金名目ができたのである。

地球環境問題には、生物多様性の減少や化学物質の拡散などいろいろあるが、とくに問題とされたのは地球温暖化である。地球の平均気温が上昇しており、さまざまな気象災害を引き起こすとされた。それにストップをかけるために温暖化の原因とされた大気中の温室効果ガス、とくに二酸化炭素濃度を下げねばならない。

そこで気候変動枠組条約が登場する。これはリオの会議でまとめられ九四年に発効するが、法的拘束力のないものだった。だが九七年に京都で開かれたＣＯＰ３（気候変動枠組条約第三回締結国会議）で拘束力のあるものがつくられた。京都議定書だ。

京都議定書で合意されたことを簡単に振り返ると、先進国などに対して二〇〇八年から一二

2-4-3｜温室効果ガス削減目標（2020年度）における森林吸収源対策の位置付け

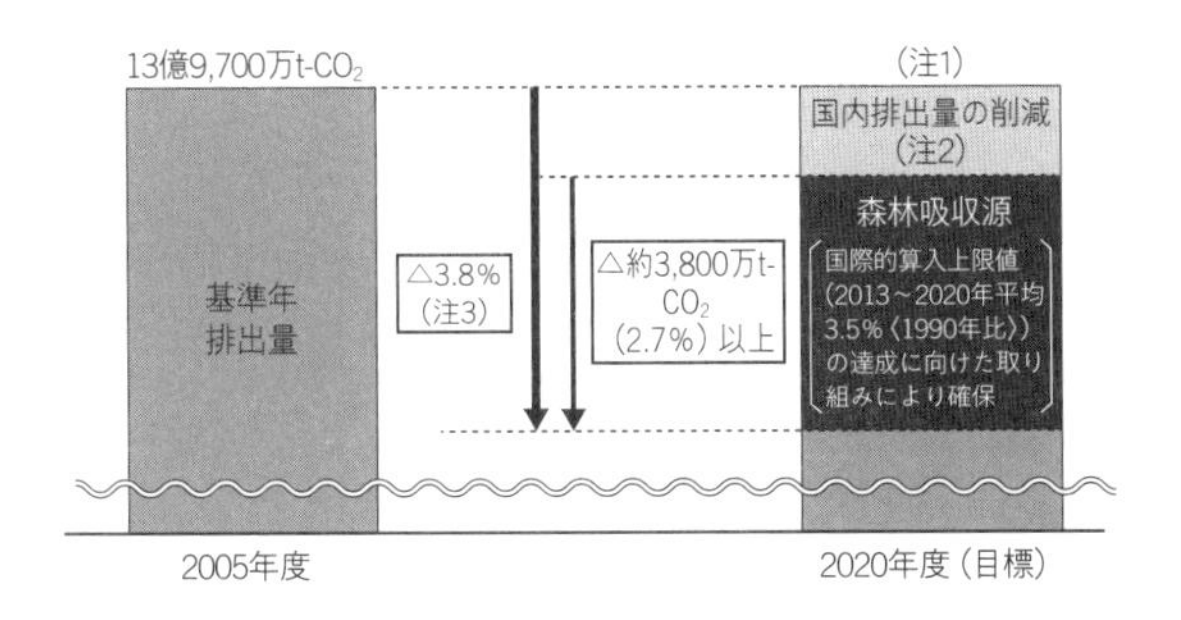

［注1］国内排出量の削減には、基準年排出量からの削減のみならず、基準年以降に経済成長等により増加すると想定される排出量に相当する分の削減も必要となる。
［注2］基準年以降に経済成長等により増加すると想定される排出量に相当する分の削減を含まない。
［注3］原子力発電による温室効果ガスの削減効果を含めずに設定した目標。
出典…平成27年度森林・林業白書

年の間に六種類の温室効果ガスの排出量を、基準年（一九九〇年）比で一定数値削減することを義務づけた画期的なものだ。日本の場合の削減率は六％である。

重要なのは、化石燃料からの二酸化炭素排出抑制に加えて、森林の吸収分を増やす対策である。その方法として新規植林、再造林、経営が行われている森林の三つが認められた。日本の場合、新たに森林を造成できる土地（「新規植林」「再造林」の対象地）は非常に少ない。そこで「経営が行われている」森林による吸収量に狙いを定める（図表2－4－3参照）。

では「経営が行われている」とは具体的に何を指すか。これは各国がそれぞれ決めることになっているが、日本は「一九九〇年以降にその森林を適切な状態に保つために人為的な活動（林齢に応じた森林の整備や保全など）を行うこと」としたのである。この森林の整備を「間伐」に結びつけた。間伐をした森は経営が行われている森と定義づけたのだ。

日本の人工林は間伐遅れが多いので、間伐すれば適切な状態を保ったことになり森林吸収分に含められるとした。だから間伐推進が二酸化炭素吸収に役立ち、地球温暖化防止につながるという理屈をひねり出す。そして、地球のためだからと莫大な補助金を投入し始めたのだ。

正直、まったく科学的ではない。間伐すると森林の二酸化炭素吸収を増やせるという根拠が理解不能だ。光合成を行う枝葉を減らすのだから、むしろ吸収量を減少させる。その後残された木々が大きく育ったとしても、元の吸収量にもどるだけだ。むしろ切り捨てられた間伐材は、林地で腐り二酸化炭素を排出するだろう。残した木の生長が多少よくなっても、収支がプラスになると思えない。

この議定書の内容は科学的に問題が多いものの、外交的には日本の勝利と言えるかもしれない。こんな内容を各国に認めさせたのだから。そして国内政治的にも勝利であった。なぜなら補助金名目として効果てきめんだったからだ。反対はほとんど出ず、林業の補助金を拡大することに成功したのである。

ちなみに二〇〇〇年代初頭は小泉政権下で補助金の削減が進められていた。林業関係の補助金も大幅なカットが行われ、当時の森林組合が青息吐息であったことを記憶している。私は、これが改革のきっかけとなると期待した。補助金頼みでなく自前で稼がねばならないという意識にシフトしかけたからである。

ところが、その後の第一次安倍政権では、この地球温暖化防止を名目に大幅な補助金増額が行われた。林業現場で安堵の声が上がっていた。「これで五年間は食っていける」。そんな声を聞いた。同時に改革の目は潰(つい)えた。

間伐すれば花粉は増える

現在の林政には科学を無視した事項が多すぎる。すでに触れたバイオマス発電の二酸化炭素削減効果のいかがわしさも相当なものだ。あげくに京都議定書の最終年には、数値目標を守るために海外から排出権を購入して辻褄合わせをした。さらに二〇一三年以降の削減量を協議したCOP17では京都議定書を延長すると決まったにもかかわらず、日本は参加しないことを表明している。にもかかわらず間伐補助金の名目には、相変わらず地球温暖化防止を謳ったままだ。

さらに言えば、老木は生長が遅いから伐って若木に植え直した方が生長量は大きくなる（その分、二酸化炭素を多く吸収する）という理屈があったが、これも否定されつつある。近年の研究で樹木の生長は老木になっても増え続けることが示されている。二〇一四年一月のネイチャー誌には、大きな樹木と若く小さな樹木の大気中の二酸化炭素吸収量に関する研究論文が発表された。研

作業道施工の失敗例。

究チームは、世界六大陸の四〇三種の樹木六七万三〇四六本のデータを分析し、高樹齢（樹齢八〇年）の大木の方が生長量も大きく、より多くの二酸化炭素を吸収していることを確認したのだ。もちろん異論もあるから定説になったとまでは言えないものの、科学の進歩に合わせて政策も見直すべきだろう。

温暖化以外にも、たとえば土砂崩れや水害防止、水源涵養……さまざまな名目で林業に補助金を投入し続けている。だが、間伐や主伐を行うために無茶な作業道を入れ、表土を攪乱（かくらん）したら山崩れを誘発することの方が多いのではないか。

またスギ花粉症対策の間伐というのも解せない。間伐で花粉を出すスギの数を減らせば飛散する花粉は減るだろうという発想なのだが、これはおかしい。間伐を施すと、周囲の残されたスギが枝葉を広げる場ができ、日光も枝葉によく当たるようになって、より花粉を生産するからだ。それは実験結果でも示されている。ようは効果が確認されていないまま、思いつきで施策が実行されている。

科学だけでなく、現場との乖離（かいり）も目立つ。

かつて複層林づくりが進められたこともあった。強めの間伐をした跡地に再びスギやヒノキの苗を植えるのだ。これで異樹齢の森ができるという目論見で取られた施策である。だが現場では、早くから危ぶむ声が強かった。いくら強度の間伐をしても、すぐに残された木の枝葉が大きく広がるため林床に入る日射が弱くなり、苗が育たないことを現場の人なら簡単に想像できたからだ。実際、ほとんど失敗した。成功したのは熱心な林業家がこまめに手入れをして日射をコントロールした植林地だけだろう。施策転換を図るまでに何年かかったか。

そのほか植林技術、伐採・搬出技術、さらに獣害対策など研究はいろいろされているが、現場への還元と効果が見えない。

もちろん厳密に政策の効果の是非を判定するのが難しいのはわかる。しかし数年ごとに検証し、場合によっては転換しなければ無意味な政策が続くことになる。失敗すると税金の無駄遣いを助長し、環境にも悪影響を与えるだろう。もっと科学的根拠を重視すべきではないのか。それなのに、一度決定した施策は延々実施され続けている。

4 違法木材野放しのクリーンウッド法

二〇一八年一〇月七日、奈良の興福寺は、三〇一年ぶりに中金堂（ちゅうこんどう）を再建したことを祝し、落慶（らっけい）法要が営まれた。江戸時代中期に火災で焼け落ちてから仮堂（かりどう）でしのいできたから、再建は悲願だったのだろう。

八年かけて建てられた中金堂は、東西三七メートル、南北二三メートル、高さ二一メートル。これは、同じ奈良市の平城宮跡に復原された天平時代の大極殿（儀式などを行う宮殿）とほぼ同じ大きさで、現在の東大寺大仏殿（東西五七メートル、南北五〇・五メートル、高さ四六メートル）に次ぐ巨大木造建築物である。創建当初の姿に近くしたとされるが、そこには直径七七センチ、長さ一〇メートルの柱が三六本、直径六二センチ、長さ五・三メートルの木材が三〇本使われている。そのほか土台や梁にも滅多に見かけないような巨木が使用された。

ただし使われた木材は、国産材ではない。カナダヒノキ（ベイヒバ、イエローシダー）とアフリカケヤキことアフゼリア（もしくはアパ）という木だ。とくに太さが求められた柱三六本はアフゼリアである。この木材は、赤っぽくてケヤキとは似ても似つかないが、非常に硬くて原生林では巨木に育つ。しかし巨木ゆえに狙われて盗伐が相次ぎ、現在は伐採禁止である。興福寺は禁止になる以前に購入したと説明するが、カメルーンには政情不安な時期もあり、十分なガバナンスは期待できない。合法証明など簡単に偽造される。違法に伐採されたか、グレー（合法と確認できない）木材だと言って間違いないだろう。そうした疑惑の木材を、日本の業者は買い漁ったのである。

こうした木材を購入することは現地の森林破壊を助長すると、欧米からは厳しい目が向けられている。

各国の伐採規制に反して盗伐された木材（違法木材）が世界中で流通している事実は以前から指摘されてきた。そのため森林が劣化し、希少な動植物の生息環境を破壊するだけでなく地球温暖化を進めたとされる。国際森林研究機関連合の報告書では、違法伐採の疑いのある木材の取引総額は年間六三億ドル（二〇一四年）にも達しており、一部では国際的な犯罪組織や戦争に関わる武装組織の資金源になっているとされている。

この問題は、すでに一九九二年の地球サミットでも取り上げられている。そして紆余曲折を経て、日本も公共事業の物品購入を定めたグリーン購入法（国等による環境物品等の調達の推進等に関する法律）で、木材は合法証明を求めるよう二〇〇七年に改訂した。

それでも環境ＮＧＯの推計によると、日本が輸入する木材の約一割が違法木材あるいはその疑いのあるグレーな木材とされている。二〇年の東京オリンピック・パラリンピックに向けて建設されている新国立競技場でも、グレーな東南アジア産のコンクリートパネル用合板が使用されていると指摘され、国際的な環境ＮＧＯだけでなく国際オリンピック委員会のメンバーからも批判の声が上がった。そんな背景から日本でも違法木材の取引を取り締まる法律の制定が急がれて、ようやく一七年五月に施行されたのがクリーンウッド法（合法伐採木材等の流通及び利用の促進に関する法律）である。

このクリーンウッド法の中身を検証する前に、欧米の違法木材に関する法制度や森林認証制度の内容を確認しておこう。

登録しなければＯＫのザル法

まずアメリカの改正レイシー法（二〇〇八年施行）では、米国法や外国法に違反して輸入や輸出、販売、受領、購入などを行った場合、および虚偽の記録や明細の申告、ラベル表示を行った場合は罰則が科せられる。ここで重要なのはリスク評価やリスク回避の義務もあることで、グレー木材を扱っても処罰対象になることだ。明確な違法性を証明できなくても合法と確認できなかった時点でアウトとしたのである。EU木材規則（一三年）、オーストラリアの違法伐採禁止法（一四年）なども同じような内容で発効されている。また韓国でも販売禁止や破棄命令の出せる「不法木材交易制限制度」を一八年一〇月から施行し始めた。ほかにも意外なようだが、インドネシアなど東南アジア諸国も違法伐採がらみでは厳しい規制措置を発動させている。

一方、政府レベルの取り組みとは別に生み出されたのが森林認証制度だ。第三者が森林経営や木材流通を審査して環境に配慮した森林経営を行い、流通過程で不当な木材が混じらないようチェックする制度が国際NGOなどによってつくられた（森林管理協議会〈FSC〉の制度発足は一九九三年）。ほかにも各国の森林認証制度を相互認証するPEFCという制度も存在する。いずれの認証もトレーサビリティを重視しており、認証を受けた木材にラベリングをして積極的に購入させることで、環境の破壊につながる林業を追放しようという考え方から成っている。今や欧米の林業地のほとんどが認証を取るほどの広がりを見せている。すでに世界の森林の約二割が何らかの認証を取得するまでになった（日本は約八％）。

欧米が森林管理に厳しい眼を向けるのは、違法木材が原産国の森林を破壊するからだけでなく、不当で廉価な木材が流入すれば自国の林業や木材産業を圧迫し、持続可能な森林経営が行えなくなると認識しているからだ。だから合法木材証明や森林認証の取得が木材取引のプラットフォームとなりつつある。

さて日本のクリーンウッド法だが、その内容を確認するとお粗末すぎる。

まず合法木材を使うのは努力義務であり、罰則がない。もちろんグレー木材も何ら規制されていない。基本理念からして「合法木材推進」であり、「違法木材の規制」ではない。その点について林野庁に問い合わせると、「何が〝違法〟か国際的に統一された定義が存在しないので、それを規制する法律はつくれない」という見解だった。違法だからと規制、さらに罰則を科そうとしたら、その証明が必要になるが現実的でないという。合法と証明されないものはダメとする欧米とは見解が違うようである。

これだけでもかなりのザル法なのだが、合法木材を扱う業者は登録制で、しかも任意であることには首をかしげる。登録すると消費者にその点をアピールできると強調しているが、言い換えると登録しなくても何のお咎めもないわけだ。これは法律なのか、単なるキャンペーンなのか。

さらに条文を読んでいくと、登録に二種類あった。木材の輸入や伐採、製材などを扱う第一種木材関連事業を行う業者と、木材を購入して使う第二種木材関連事業を行う業者である。第二種は集成材やプレカット工場、製紙、バイオマス発電、そして建築関係など木材加工や利用業者が対象となる。第一種は扱う木材すべてを登録するが、第二種は木材の種類を限定して登録することもできる。いずれも登録すると「クリーンウッド法に基づく業者」であることを表示できる。

問題となるのは、第二種の業者だ。

第一種業者は、取り扱う樹木の樹種や、伐採された国または地域などの情報を収集・確認するのだが、その木材を販売する際はそれらの情報を記載しない。だから第二種業者は、樹種や産地などについて把握できない（する必要もない）。第二種業者は購入元から提供を受けた書類その他により合法性の確認を行うわけだが、確認できなくてもかまわない。また合法性確認の対象は、自ら調達する木材に限られる。たとえば元請け事業者は、下請け事業者が調達した木材の合法性を確認する必要はない。

みごとなまでのザル、というか抜け道だ。第二種業者は、一部の使用木材に限って登録すればよい。すると登録事業者になれたうえでグレー木材も扱える。違法な木材を扱ったとわかっても、登録は取り消しにならない。一方で世間には「クリーンウッド法を守って合法木材を扱う業者です」と説明できる。そして消費者に販売するときに、その木材が合法的に扱われたものかどうかを示す義務はないのである。

たとえば住宅メーカーが柱材だけをクリーンウッド法の対象として登録して、「合法木材による家づくり」と宣伝することができる。柱以外の木材は出所のわからないグレー木材、もしかしたら明らかな違法木材であっても使えるわけだ。それでも建主の多くは「我が家は（全部）合法木材で建てられた」と信じるだろう。

業者に抜け道を教える林野庁

これは単なる法律の不備とは言えない。なぜなら全国各地で開かれているクリーンウッド法への登録を推進するセミナーでは、公然と抜け道を教えているからだ。セミナーで配布されている「建築・建設事業者の方へ　クリーンウッド法に基づく事業者登録のすすめ」というパンフレットには、「合法性が確認できない場合でも、追加の措置は求められません」「木材等の樹種、伐採された国や地域を把握する必要はありません」と赤字で強調されている有り様だ。つまり林野庁は業者に「登録しても合法木材にこだわる必要はない」と教えている。形だけの登録業者数を増やすためだろうが、悪質である。

つまりクリーンウッド法は、登録をうまく使えば違法木材使用の隠れ蓑になるのだ。まるで「違法木材対策の法律をつくりました」と世界にアピールしつつ、違法木材を使える抜け道を大きく広げたようなものである。

ただ、こうした法律に関しては国民の意識の差も大きい。ヨーロッパでは、熱帯産木材を使っている建造物などを見かけたら市民が当局にクレームを入れるという。これに対して日本では、大寺院でも森林の保全を意識することなく、巨木を求めて素性にこだわらずに購入する。そしてそれを問題視する声も限りなく小さい。

違法木材対策に熱心なのは何も欧米だけではない。先に森林認証制度の認証を取得した流通業者がもっとも多いのは中国だと記したが、中国では木材製品を輸出入するのに認証が重要という意識が強まっているのだ。

このままでは日本は違法木材の使用を咎めない数少ない国として、世界中から違法木材が集まってくる可能性さえあるだろう。いや、国内でも盗伐が相次いでいる現状を鑑みたら、すでに違法国産材が多く出回っていると想像できる。情けない話である。

私自身は、違法木材をきっちり取り締まることは日本の林業のためにもなると考えている。なぜなら外材の輸入を減らすことになるからだ。現在でも輸入量の推定一割が違法かグレーだと言われているのだから、それらを取り締まれば自動的に外材輸入は減る。大雑把に考えて五〇〇万立方メートルの外材が輸入できなくなる。その穴を国産材が埋めることができたら、国産材の需要が二割以上増える。現実にはそう単純ではないが、木材価格も上がるだろうし、木あまりは解消するだろう。

にもかかわらず林野庁は消極的、というよりひたすら足を引っ張っているように見える。何が困るのか。国産材も違法だらけであるとばれるのが怖いのだろうと疑っている。

5 視界不良の林業教育機関

林業界が人手不足であること、また事故率が異常に高く、安全に関する教育が十分でないことは、これまでも記してきた。一方で新規就業希望者が増えていること、とくに女子が少なくないこと、外国人労働者を林業にも導入しようという動きも話題になっている。いずれにしろ、そうした状況に対処するにはしっかりした林業教育が欠かせない。

林業教育といえば、これまではせいぜい緑の雇用事業で就業する人々へ短期間研修が行われる程度だった。それが近年少し様変わりしてきた。

林業スクールの開校ラッシュが起きているのだ。大学の森林科学系の学部のような理論を学ぶ場ではなく、現場の技術を中心に学ぶ学校だ。

林業系の学校は、戦前から中高校、大学、そして大学校と多くつくられてきた。林業が大きな産業だった証拠だろう。しかし近年は閉校・改組が続いた。林業高校は普通校などと合併して林業科となったり、完全に消えたりしている。今は林業専門の高校は存在しない。また大学の（農学部）林学科も森林科学科などに改組され、さらに農学科や理学部生物学科などと一緒にして生物資源学科といった名称になる例も多い。内容も林業学的な要素は薄まり、森林学か生物学、あるいは生産物中心の学問になっている。

また大学校（主に高校以上の既卒者を対象に実践的な教育を行う訓練機関だが、法的な規定はない）で林業を教えるところもどんどん減ってきた。二〇〇〇年代になると林業大学校は長野県と岐阜県（森林文化アカデミーに改組）に残されるだけになった。

しかし二〇一二年に京都府林業大学校が開校したことを機に様相が一変した。林業大学校の新設というアイデアに目覚めたのだろうか、その後、秋田県、岩手県、山形県、高知県、徳島県、兵庫県、和歌山県、三重県、大分県、熊本県、宮崎県……と次々にオープンしている。開校・設立の動きはまだ続き、今後も増えそうだ。

経営母体は都道府県が一般的だが、市町が立ち上げた林業大学校もあるし、森林組合や製材会社が設立・運営する林業スクールも登場している。またＮＰＯ法人で設立をめざす動きもある。

林業大学校で行っている伐採実習。安全に対する意識を高めるのが喫緊の課題。

名前も林業大学校、農林大学校に限らず、森林大学校、森林アカデミー、林業アカデミー、林業スクール……とさまざま。また専修学校の認可を取ったところばかりではなく、自治体の農林部署の管轄や社団法人の運営による研修機関扱いなどもある。内容も全日一年制、二年制のほか数カ月の短期コース、また週末だけなど……。一学年の生徒数も一コースが一〇～二〇人と少数である。

　生徒は高校新卒者が多いが、大卒者や社会に一度出た人もいる。年齢も三〇代以上がたまに交ざる。なかには六〇代もいた。社会人入学の動機は、林業に就職して田舎に移住するためという人もいれば、一度林業現場で働いたが、技術などのステップアップのためという人もいた。

カリキュラムは、伐採や搬出、育苗、植林など現場の実技のほか、木材加工やマーケティング、流通、ＩＴ技術、さらには林業法制や獣害対策まで、学校によって多様で幅広い。基礎知識としての森林科学も組み込まれている。なお国内の林業地のほかドイツなど海外へ視察旅行を行うところもある。在学中に、森林組合や素材生産業者の職場で働くインターンシップ研修もある。どこでも卒業後の就職は順調だという。

開校が広がった背景には、林業従事者の減少が著しく、しかも六五歳以上が二割を超えるという現実がある。今後も退職者は増えるだろう。また高性能林業機械の導入やシステマティックな低コスト施業が提案されるが、林業現場で働きながら学ぶのには無理がある。

一方で経営環境は大きく変わってきている。使い道の変化によって木の伐り方も出荷の仕方も変わってきたことへの対応が求められている。市場の求めるものと違えば、木材価格は二束三文になってしまいかねない。

なお社会人向けに開講したところもある。鹿児島大学では、林業現場で働く人を対象に高度な林業を学ぶコースを設けている。現場作業だけでなく、プランニングや法律など経営管理を学ぶのだ。現在すでに林業界に籍を置く人々が、新たな動向や知識を学び直すことで林業の振興に結びつけようという教育である。

卒業後の進路は旧態依然

こうした林業大学校の設立ブームは、よい方向に向かっているのだろうか。もちろん学ぶのはよいことだが、単なる林業スクール・バブルでは困る。

学校をつくっても、隣接県に同じような学校ができたら一校当たりの生徒数は少なくなる。これまでは潜在的な林業に対して興味を持っていた人の受け皿になっていたが、開校ラッシュによって生徒の取り合いになってしまう。すでに開校時から定員割れを起こしている学校もある。少子化で若者人口は急激に縮小しているのに、林業就業希望者だけが増えるわけがないだろう。

一方で卒業後の進路にも問題がある。林業現場は人手不足ではあるが、十分な待遇で処遇できる事業体は少ない。また経営者が古い林業界の感覚を引きずっている。

林業大学校生や卒業生に話を聞くと、待遇が悪すぎて就職先の選択に躊躇するという。給与が低いだけにとどまらず、日当払いだったり、休暇が土日などではなく雨の日としている事業体もある。有給休暇や保険加入もあやふや、道具類は自前で揃えさせられたという話も出た。また勤めてから職場の先輩・上司が、学校で教わった法律や安全教育を全然守っていない状況がわかったという。ヘルメットだけでなくチェンソー使用時の防護ズボンやイヤマフなどの着用を義務づけられているのに、現場でつけている人がいない。新人が守ろうとしても白い目で見られる……雇用側の意識が旧態依然だったら、せっかく養成した人材を活かせない。いや、意欲ある人ほど逃げ出すだろう。

最大の問題だと感じるのは、現在の林業大学校が養成しようとしているのは、主に伐採現場の労働者であることだ。育林もカリキュラムにはあるが、現実の仕事内容としては期待できない。林業とは森づくりを出発点として、何十年、何百年先の森林をデザインする仕事であり、多岐にわたる分野の知識と技術に加えて理念が大切だ。それなのに目先の仕事の技術ばかり重視されるのでは、即戦力というより促成人材である。

ステップアップする機会が得られないため、つらいという声もあった。基本、新人でも在職一〇年以上のベテランでも現場の仕事内容は大きく変わらない。たとえば、森林組合の作業班から職員に異動する例はほとんどない。若いときはともかく、年を重ねると意欲を失いがちだ。実際にベテランほど将来が不安になって辞めるケースを耳にする。結婚退職も多い。家族ができたら一生の仕事にはできないと考えるのだろう。

講師も悩むだろう。最新の林業事情やシステム、技術、そしてマネジメントを一、二年の短期間で教えるのは大変だ。昔ながらの「見て覚えろ」「技を盗め」では失格である。教え方やカリキュラムに相応の工夫がいる。講師は教え方のプロでもあるべきだが、現場で働く人を連れてきても上手く教えられない。

二〇一九年四月には、安全講習実施時に、講師が伐った木が方向違いに倒れて受講生を直撃、死亡させる事故が起きてしまった。講師の教え方や安全意識の低さにも唖然とするが、そもそも新人に教えられるほどの伐倒技術が講師にないことも露呈した。

さらに自治体や国の林野行政の現場にも、森林と林業の理論と現場の実際の両方を身につけた人材が足りない。複雑な施策を動かすには多方面の知識が必要で、現場以上に林業に詳しくなければ務まらない。ところが、実は林野庁の官僚がもっとも林業のことを知らないと揶揄(やゆ)されている有り様だ。

ドイツやスイスの林業教育は、国家資格があることを前提に成り立っている。資格を取らないと正式の林業従事者にはなれない。さらに上級のフォレスターになるには、現場経験五年に加えて二年間みっちりと全日制で学ぶ。だからこそ卒業後は一種の公務員として、各地の林業を指導監督する権限が与えられる。

日本の林業教育にそれだけの制度設計があるだろうか。人材育成を長い目で見ているだろうか。林業スクール卒業生の将来は、視界不良である。

Ⅳ．痛恨の林業政策

6 実態無視の視察と欺瞞だらけの白書

日本の行政は、視察が多い。林業に限らず地域おこしや新事業立ち上げなど、何らかの新しいことに取り組む際は「先進地」の視察がつきものだ。成功モデルを各地に求めることも多い。視察先は国内も海外もある。日本人は他者（とくに外国人）の「助言」を求めるのが好きなようだ。これが曲者である。

そもそも本当に視察しているのか、物見遊山ではないのか、という疑念もあるが、それはさておいても、視察で学ぶ心構えを持つようになるのか極めて怪しい。とくに外国に行く場合は、言葉の壁もある。英語圏ならある程度参加者に聞き取れる人もいるだろうが、その他の言語になると通訳が欠かせない。

だが、その通訳はどれほど正確なのか……。たとえば公的な視察団の場合は、同行する省庁の官僚、もしくは大使館・領事館付きの人が通訳を務める場合が少なくない。すると肝心な部分の通訳が怪しいそうだ。内容の改変とまではいかなくても、重要な部分をカットしたり一定の結論に誘導したりするという話を聞く。政府が説明する資料の中の海外事例にも、恣意的に事実をねじ曲げた記載があったりするらしい。

そこから浮かび上がってくるのは、最初から決められた計画に沿って都合のよい部分だけを視察する姿勢だ。現地に学ぶのではなく、机上の計画推進のためのアリバイ工作だろう。某国でもやっている、それは成功している、という事例を示すための視察である。だから現場で計画の問題点を見つけても、それによって計画を変えることは少ない。

私自身も、スイスのバイオマス発電所を視察した際（民間の視察団であり政府の役人は入っていない）に、日本で語られるのとは違う現場の状況に唖然とした。

まず説明では新規住宅地の建設について語られ、その市街（住宅）に熱供給をすることとの説明が始まった。発電の話は出ない。いくら待っても触れられなかった。ちょっと怪訝な気持ちを持って尋ねると、現在は発電をほとんどしていないことがわかった。基本は熱利用なのである。ときに熱が余った際に発電に回すだけであった。また燃料のバイオマスも基本は都市のゴミであり、木材チップは火力調節用に使われるだけだった。とくに夏は熱需要も減るので木質燃料か。

の出番はなかった。日本の視察団が来たこともあるそうだが、その点をいかに「視察」したのか。

さらにひどいのは、「里山資本主義」という言葉で紹介された某国の某自治体の事例である。地元の木材で発電しエネルギー消費を自前にすることで地域を活性化させたというケースなのだが……。こちらも視察団が大挙して押し寄せたようだが、その自治体の発電所は、後に経営が破綻してしまったのだ。この点に触れる視察団の報告を聞いたことがない。

視察に行くだけでなく、招聘した講師のアドバイスでも同じことが行われる。

林野庁がドイツから招聘したフォレスターを日本の林業先進地へ案内した。そこは機械化を熱心に進めていたのだが、それを見たフォレスターは、この機械化は森をだめにすると否定したそうだ。日本の〝先進事例〟が見事に否定されたのである。そして機械化を重視せず、一本一本ていねいに扱っている林業家の山を、「もっともドイツと似ている」と褒めたそうである。

同じく日本の山を見て「林道と作業道を入れすぎ。こんなに道を入れると山が傷む」と指摘したオーストリアのフォレスターもいた。機械化のために作業道が必要と声高に推進していたことを否定されたのだ。ドイツやオーストリアのような大型林業機械の導入を促してくれると思って招聘したはずなのに、見事に反対のアドバイスをされてしまった。

本来ならフォレスターの判断を取り入れて施策を練り直すべきだが、助言は聞かなかったことにされた。視察とは、机上で立てた「聞きたい助言」「知りたいモデル」でなければならな

スイス人フォレスターによる森林の観察とプランニングの研修。

いらしい。耳の痛い指摘はスルーするのだ。

私自身も成功モデルとされた地域おこしの例や、林業の先進事例に取材へ行くと、話に聞いていたことと全然違っていることが多い。現地状況が報告とまったく違っていたり、成功した理由は事前に聞いていた話と違い特別な事情が絡んでいて、とても他の地域が真似られることではなかったりする。そもそも成功していると言えない場合もある。赤字を税金で補塡しているのに、成功事例と紹介する方がおかしい。先方は視察者に私の取材の際と同じ説明をしているはずなのに、その人々の理解力のなさだろうか。

2-4-6｜主伐期の人工林資源の成長量と主伐による丸太の供給量

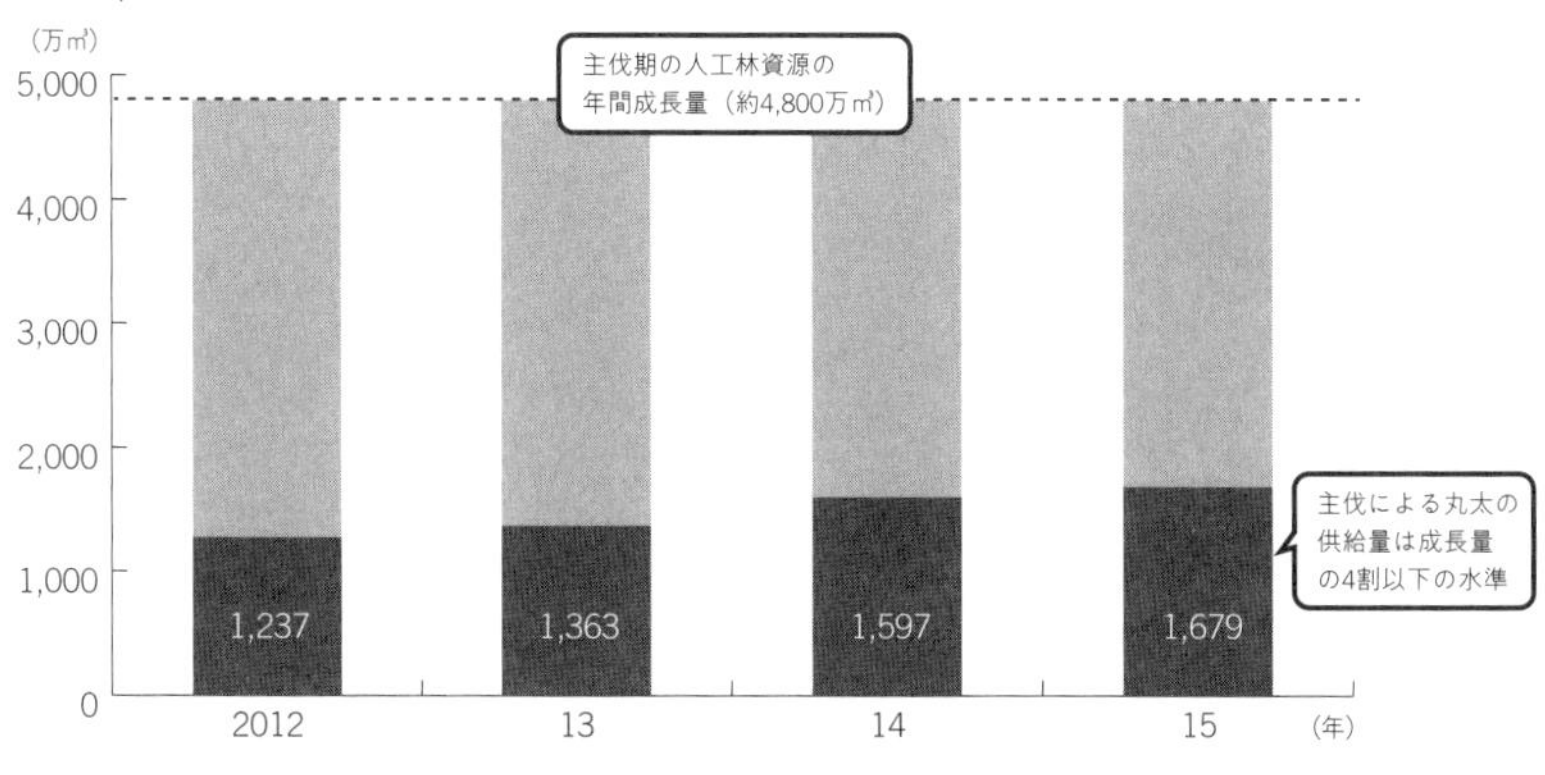

［注］ 年間成長量には間伐された林木の成長量は含まれない。
資料…林野庁「森林資源の現況」（2012年3月31日現在）、林野庁「森林・林業統計要覧」、林野庁「木材需給表」に基づき試算。
出典…平成29年度森林・林業白書

白書に見られる疑惑の統計

さらに政府の白書や統計もおかしな点が多数ある。

毎年、森林・林業白書が公表されると目を通す。目的を持って、必要なデータを探すこともある。だが、そこで妙なことに気づくのだ。

たとえば資源蓄積量は立木幹材積で記している。二〇一七年発表の森林の全生長量は約七〇〇〇万立方メートルで、うち伐採できる（主伐期にある、と表現）人工林の年間生長量は約四八〇〇万立方メートル。にもかかわらず木材の総生産量は約二七〇〇万立方メートル、つまり人工林生長量の六割にとどまる。これらの数字を並べて、もっと伐るべきだと結論づけている。また別の図表では、「主伐による木材の供給量」に絞って一六七九万立方メートルとより小さな数字を使っている。こちらだと四割以下になってしまう(図表2-4-6参照)。

ところがよく見ると、木材生産量は丸太材積で示している。ここに欺瞞(ぎまん)がある。立木を丸太にする際の歩留まりを無視しているのだ。立木幹材積は地面の上の幹全部の木材量だが、実際は切株を残し、細い梢部分も切り落とす。丸太にする際に何メートルで刻むか、曲がっているところを避けたり寸足らずの部分を捨てたり。この歩留まりをどれぐらいに見込むか難しいが、せいぜい七割ではないか。

仮に七割の歩留まりで、木材生産量二七〇〇万立方メートルを丸太材積から立木幹材積に換算すると三八五七万立方メートルになる。これは人工林の年間生長量の八割を超えている。生長量に比して木材生産を少なく見せかけようと、わざと換算材積を偽ったのか。

丸太材積と製材材積を並べて紹介しているところもある。丸いものを四角く製材すれば、確実に体積は減る。官僚たちはそれを知らないらしい。

木材輸出入状況の説明がおかしいことは先に記した。輸入量は木材量(立方メートル)で表現しているが、輸入金額は記していない。ところが木材輸出の状況は、金額ベースなのである。安い丸太ばかり輸出していることをわかりにくくするためか。日本の木材輸出入の実情をあえて見えにくくしておこうと言わんばかりの不遜な記述である。

一事が万事である。ほかにも細かな政策を説明するデータや用語をチェックしていると、怪しい文言・数字が多数ある。

二〇一八年に厚生労働省の「毎月勤労統計調査」で不正な数字操作が発覚した。日本の経済状況そのものを誤って見せる重大な事件だ。もしかしたら林業界でも、もっと重大な政策や統計の操作が隠れているのかもしれない。

Ⅳ・痛恨の林業政策

7 森の未来を見ない林政担当者

林野庁の現役やOBたちと話したときに、「今の林業は薄利多売になっている」と話題にしたことがある。利益が薄いため量でカバーするという発想に陥っているという意味だ。私はそれが大量伐採を誘引していると否定的に捉えて発言したのだが、林野庁関係者からは「薄利多売でやっていかねばならない」という反応が返ってきた。

木材は安いから大量に出して利益を確保する……それが林野庁の施策の方向性らしい。ちょっと驚いた。林業の根幹に対する認識の違いを感じたからである。

そもそも薄利多売とは、一般の小売業が消費者に安く商品を届けるイメージがあって良心的経営のように思われがちだが、生物資源を利用する林業に適用できるのか。

薄利多売ビジネスは、基本的に商品の供給を際限なく増やせて、需要も十分に見込める場合に行う方法だ。しかし木材は工場の稼働時間を増やしたら生産が増える商品ではない。樹木は数十年あるいはそれ以上かけて育てるもので、しかも林地面積に縛られている。販売（伐採）量も、常に生長量以下に抑えねば持続的にならない。かさばるから流通も在庫も難しい。そして安ければ必ず売れるものでもない。

そのうえ木材の代替素材はいろいろある。金属、コンクリート、合成樹脂……。価格で競えば、それらの工業製品と張り合わねばならない。なかには機能面で木材を凌駕（りょうが）しているものもあるし、見た目を木材そっくりにしてしまう技術も生まれている。木材の品質は多様で、一本一本で微妙に違うのに、画一的な工業製品と比較してはいけない。

繰り返してきたように、現在の日本は「量の林業」を志向している。薄利多売も量があると

雪害で壊滅した北山杉。気象害に強い森づくりが重要となっている。

いう前提に依拠している。しかし、肝心の量は持続的に保てるのだろうか。
森林蓄積はかつてないほど増えているというが、利用可能な木材資源という観点から見ると、意外なほど脆弱(ぜいじゃく)なのだ。手入れ不足はA材割合を減らしているし、下手な間伐が、残した樹木を傷つけている。そして再造林地の生育も悪い。伐りやすいところから伐っているから、今後残る林地は条件不利地が増すだろう。そうした現実と、長期的な将来を見る目がなければ林政は務まらない。

任期中に成果を求める近視眼

森林政策は、科学的知識と長期的視

点が欠かせない。林政も社会全体の動向を見据えて立案しなければならない。たとえば植物は「植えたら勝手に人が利用できる木に育つ」わけではない。激化する風水雪害や熱波など気象害に対応する森づくりについて科学的知見を持っているのか。急激に進む人口減少と高齢化が引き起こす消費の縮減が、経済をどのように変えるか、将来を読んでいるか。それらを無視した、木材生産量や従事者の増加を前提とした「林業の成長産業化」など寝言にすぎない。

人は生き物の中で、初めて時間の概念を持ったと言われている。それでも長期間、それもまだ来ぬ未来を描くのは苦手なようだ。これが森林経営の最大の難点かもしれない。

それでも山主自身ならば、自分の人生を重ねたら数十年は森林経営に携わることができるだろう。子息など家族もしくは信頼する部下に引き継ぎ、さらに遠い将来まで見通した計画を立てることも可能だ。

ところがもっとも長期の展望を持つべき国の政策担当者の任期は、たいてい三年前後なのである。任期を終えたら別の部署に移る。だから数年の任期中に達成可能な施策を取りたがる。場所が変わっても同じ森林を扱う部署なら以前の経験を活かすこともあり得るが、ときとしてまったく別の仕事に就くこともある。これでは知識や技術の蓄積が行われない。何より森への愛着を持てないのではないか。

政治家も選挙のたびに当落を意識する。当選を続けるため三〜四年の任期期間中に成果を出して選挙区にアピールしようとする。しかし林業関係者の票は少ないうえ、一つの施策の結果が出るまでに時間がかかる。

すぐに見える成果を求めるとなると、森の質、木材の質、世間の評価……といったわかりにくいものではなく、数値で示される木材生産量や森林面積、木材自給率などになるだろう。だがそれらが健全な林業経営や公益的機能の強化、環境保全につながる保証はない。

現在の林政に決定的に欠けているのは、こうした長期的視点だろう。一つの施策を後任者が引き継いでいき長期間実行すればよいのだが、これが上手くいかない。後任者にしてみれば、先任者の取り組んだものをそのまま引き継ぐのをよしとしない心理が働くようだ。モチベーションが上がらないし、何より自分で新たな施策を動かしたい欲求があるのだろうか。だから変更してしまう。そうした傾向は政治家にも強いようだ。首長や大臣が代わると政策も変更される。そこに森への愛は感じられない。

人材不足の市町村に権限を委譲

自分の施策を実行したい気持ちはわからぬでもないし、先任者の施策が必ずしも上手くいっていない場合は、早めに手を打つことも大切だろう。しかし、それを見極めるには相応の知識と経験、眼力が必要だ。異動してきたばかりの人にできると思えない。

やはり必要なのは、専門知識を備えた人材だ。森林のように長期スパンで動く自然を相手にするには、複雑な森林の生態から経済、経営、社会環境、そして関係者間のコミュニケーションに長けた人材が誇りを持って臨まなければ長期展望の森林経営はできない。情報を感度よく取り入れ、最新の知見を活かしていく。常に社会の動向をうかがってリスクマネジメントする能力と覚悟が必要だ。

最近の林政は、実際に担う権限を市町村に委譲しつつある。森林経営管理法の施行や森林環境税などの使い道なども市町村に任せる仕組みだ。しかし小規模自治体では、職員はいくつもの役職を兼任しているのが通常で、とても森林や林業の専門家は育たない。しかも異動もよくある。実際に林業担当者が翌年には福祉担当に異動させられたケースを聞いた。その逆もある。

そこで林業に疎い市町村には、林野庁から出向職員を送り込んだり、林業に精通する者を地域林政アドバイザーとして雇用したりする制度をつくり出しているが、それらが上手く機能しているのか疑問だ。森林の地元に近い自治体が林政を担うべきという建前から市町村に権限を下ろしたのに、国から送り込まれた人材が林政を仕切るのは本末転倒ではないか。その人物は、おそらく中央の意向どおりに進めようとするだろう。実際、某地域では林野庁からの出向者が補助金を積極的に導入して大規模な機械化林業を推進し、数年後に去っていった。その地域に根付く覚悟はなかったようだ。残されたのは広大な皆伐の跡地である。

また個々人の専門性もさることながら、数十年という超長期の計画を担うには、きっちりとした規範や原理原則を定めておく必要がある。人材が交代しても引き継ぐべきことは揺らいではいけない。残念ながら、そうした体制にもっとも向いていないのが官僚のようだ。

　森林に対する原理原則が現在の行政に備わっているかといえば、極めて疑問である。官僚も政治家も、専門的な知見を持たないまま付け焼き刃のような政策を振りかざしがちだ。その政策も数年ごとに変えてしまう。樹木が育つ時間は変わらないのに、政策は猫の目のごとく変わるのである。

第3部

希望の林業

1 夢の「理想の林業」を描く

ここまで現代の日本林業が絶望的な状況にあることを記してきた。それは目の前の森が荒れているとか、人手が足りないから作業が行えないとか……そういった次元ではない。もっと根本的・構造的に産業としての体制が整っておらず、自然の摂理にも従わず、政策が誤った方向に進んでいるのではないか、という危惧から感じた状況である。

改革が必要、とは業界内でも何十年も前から言われ続けているのだが、正直、私にはどこから手を付けたらよいのかわからない。おそらく、ほとんどの林業関係者が改革の必要性を感じつつも、何をやったらよいのかわからず戸惑っているのではなかろうか。さらに言えば、やる気を失い改革自体に興味を持たなくなっている。

そもそも林業は近代経済に馴染まない、とも思う。なぜなら商品（木材）が完成するまで、短くとも数十年かかるからだ。つまり、今から製造（植林）を始めて販売できるようになるまでのタイムラグが数十年あるわけだから、それは人間社会がつくる経済活動に適さないと思えるのだ。

とくに昨今の世界経済はスピードを増すばかりだ。景気がいいと言われた翌年には不況が来る。流行の移り変わりは早くて、突然見知らぬ商品の人気が爆発したと思ったら、あっと言う間に飽きられて売れなくなる。勝ち組と持て囃された企業でも、数年後に経営危機が伝えられる。そこに、「商品製造に数十年」かかる林業をいかにマッチさせるのか。

これは日本の林業だけの事情ではない。世界中、どこでも同じだ。樹木の生長速度は樹種や地域・気候を加味してもたいして変わらず、グローバル化の進む現在社会で、売れ筋の変化も景気の変動も同じように襲いかかる。今はドコソコの国の林業は黒字で、上手くいっていると聞くから真似ようと思っても、いつ暗転するかわからない。

とはいえ、皆が森林経営を投げ出し、思いつきで動いたら事態は悪化するばかりだろう。何か目指すべき方向はないのか。

こうした場合、日本人はすぐモデルを求める傾向がある。「今は」上手く回っているように見える林業地を探すのだ。そこでドイツやオーストリア、スイス、ときにスウェーデン、フィンランド……と視察に行く。あるいは当地のフォレスターを日本に招聘してアドバイスを請う。

だが、各地の事例を見聞きしてアドバイスを得ても、肝心の担当者は「基本的な条件が日本と違いすぎるから」とか「その改革には、こんな障害がある」と否定的な意見を並べるばかりだ。当たり前だ。単に上辺を真似るだけで上手くいくわけがない。もっと林業を行ううえでの根幹を探るべきだ。

そこで思い直した。モデルと今の日本の現場を比べて、どこをどのように改革するかを考えるのではなく、原理的な「林業のあるべき姿」を描いたらどうか。ドイツの林業現場で使っている機械を導入しようとか、スウェーデンの製材工場を真似たいとか、オーストリアのバイオマス発電を参考にするとか……ではなく、林業が上手く機能している理想の状態を描いてみて、それはなぜ理想的状態なのか、産業構造の根幹を探ってみる。

いわば夢のような「理想の林業」を描く。それはどんな状況なのだろうか。

持続性こそが最大の条件

そこで理想の林業の条件を並べてみよう。

まず利益を生むことだ。具体的には、森林の資源を販売して利益をあげる。それは生産過程すべてのコストも含めて計算しなければならない。もちろん利益を得るのは木材を扱う業者だけでなく、生産地を所有する山主にも、山で働く人々にも十分に還元される。森林資源には木材以外の産物も含まれる。動植物に限らず森林空間や森が生み出す水、空気も含めた生産が林業なのだから。そして大切なのは、あげた利益が森に再投資されること。

利益は社会への貢献につながる。山村に雇用を生み出し、地域全体に収益をもたらすことで、住民が住み続けられる環境をつくる。また森林資源の供給は、都市部に対しても大きな社会貢献だ。都会で必要とされる林産物や観光レクリエーションの場の提供になる。加えて森が二酸化炭素吸収源となることや生物多様性維持で地球環境にも貢献する。

プラスの利益ばかりではなく、マイナスを抑える機能も重要だ。具体的には防災である。山崩れや洪水あるいは渇水、さらに風雪害などを緩和するような役割を森が果たすよう期待される。そのための森林整備には、林業が密接に関わっている。林業は、あり方次第で防災にもなれば、逆に災害の引き金にもなりかねない。同じく生物多様性も林業によって高くも低くもできるのだ。

地球温暖化防止のような大きなスケールでの環境ばかりではなく、水や空気を育み、美しい景色をつくる効果も無視できない。景観は地域住民の精神性や健康に見えない影響をもたらす。訪問者にとっても重要だ。それは、地域の存続にも関わってくるだろう。

経済行為と環境維持は相反しない。なぜなら災害が起きたら、その回復には莫大な資金が必要となるからだ。災害によって人が住めなくなる土地が生まれることも地域経済への多大なマイナスだ。とくに地球温暖化が引き起こす災害への対策にはとてつもなく大きな資金が求められる。現在の日本では、林業振興と災害防止および復旧は、関係省庁や部署が違っていて予算枠が別扱いになるため見過ごされがちだが、林業による森づくりと効率的な防災は相関関係がある。防災に役立つ森は、森林にかけるコスト全体を縮減するのだ。

この二つの条件双方に大切なのは「持続すること」だ。一時的に木材を生産して利益を得ても、木材資源が尽きたら事業は継続できない。木材供給はストップし、山村に人は住めなくなり、林業そのものが崩壊してしまう。防災・環境面でも同じである。山の土砂流出の防止に役立ったはずの樹木が、数年後には太くなりすぎてその重みで斜面崩壊の引き金になることもある。草は刈ってもまたすぐ生えてくるし、生息する動物も植生によって変化する。自然環境は時間とともに遷移するから、常に管理し続けねば効果は持続できない。

そのように考えていくと、「理想の林業」とは林木(りんぼく)を健全に育てて利益を得るほか、森林空間も有効に利用することで健康福祉や観光、そして生物多様性や防災などを両立させる林業だ。そして、いずれの機能も必ず持続的でなければならない。一時期、理想状態だったとしても森は時とともに変化するから、常に修正を加えながらその状態を維持していくことも条件と言えるだろう。それらは「できたらよい」ことではなく、基本的な事項だ。

次に、これらの条件に適合した「理想の林業」のモデルを探してみた。完璧でなくてもよい。システムの一部が理想の実現につながるヒントであること。またそれは現代社会でなくてもよい。歴史を遡(さかのぼ)ったり、世界に目を向け広く探す。

そして、いくつかの地域の事例を合わせて現代に理想の状態をつくる目標にする。「こんな構造になれば、上手く林業は成り立つ」というモデルを描きたい。

そのうえで絶望する現在から理想の林業へと向かう道筋を模索できないか。その手がかりを得ることこそ、希望にならないか。林業の「希望」を高く掲げることで、絶望からの脱出路を探ってみたい。

そこで「希望の林業」のモデルを私なりにいくつか選び出した。繰り返すようだが、紹介した林業が当時あるいは現在、完全な理想状態であるとは思わない。しかし希望につながるヒントは含んでいるように思う。

2 吉野林業の幸福な時代

奈良県の吉野林業は、世界一古い育成林業だと言われる。なにしろ五〇〇年以上前に植林が始まったと伝えられるからだ。宗教的・防災的な理由ではなく木材生産を目的に植林を行い、現在も林業を営んでいる土地としては、たしかに最古級だろう。

五〇〇年の歴史の間にさまざまな経営形態が生まれ、また変化を続けてきたわけだが、非常に上手く機能していた時代がある。主に江戸後期から昭和初期の期間だ。その頃の吉野林業のシステムを、第一の「希望の林業」として紹介したい。

吉野林業は、天然林の伐採からスタートした。それは各地の林業地と同じだが、天然の木材

吉野の川上村に残る樹齢400年前後のスギの人工林。世界最古級とされる。

資源が尽きたときに伐採跡地や焼畑に植林を始めた。奈良、京都、大坂と人口稠密な大都市が近くにあるため木材需要があり、木材が商品になることに気づいたからだ。当初は焼畑の作物の間に木の苗を混ぜて植えられたらしい。しかし山で作物を生産するより木材を専門に育てて収入を得て、その金で食べ物を手に入れる方がよいと気づく。早くから貨幣経済が進展したのだ。

なお江戸時代初期は植えて二〇～三〇年で収穫したというから超短伐期である。その期間ならスギの直径は一〇～二〇センチくらいにしか太らなかったろう。

植え方は、おそらく最初は疎植だった。江戸時代、全国の林業地で植林された苗の本数は一町歩（約一ヘクタール）に五〇〇〜一五〇〇本程度だろうと思われるが、吉野ではどんどん本数が増えて、いつの頃からか密植するようになった。その点がほかの林業地と違うところだ。真偽は定かでないが、山主が人を雇用して植え付けの仕事をさせ、植えた本数で賃金が支払われたので、雇われた人は限られた土地にできるだけ多くの苗を植えるようになったとも伝わる。やがて一町歩に八〇〇〇本から一万本の苗が植えられるようになった。

密植すると、隣接する苗と光を奪い合い肥大しにくくなる一方、光の射し込む上方向にばかりに伸びる。すると木材の年輪は密になり、幹がまっすぐ長く伸びる。それは木材の質を高める結果となった。また苗が密ゆえに雑草が生えにくい。おそらく期せずして密植の効果に気づいたのだろう。

しかし密植したまま放置したらひょろひょろのモヤシみたいな稚樹（ちじゅ）に育ち、多くが枯れるはずだ。そこで弱度の間伐が幾度も行われるようになる。農業で行う間引きと同じだ。少しずつ間隔を広くすることで枝葉が広げられて幹も肥大する。いきなり強度の間伐をすると、光が入りすぎて枝葉が多数出て暴れ木になったり、すいた空間に風が吹き込んで倒伏したりとよくない結果も起きるが、弱度なら素直に育つことを経験的に覚えたのだろう。加えて少しずつの間伐なら、労働の時期を分散できて働き手にも都合がよい。

直径一センチの間伐材も商品に

ただ植えて数年目の間伐材は、直径一センチ程度、長さも二メートルに届かないはずだ。今なら使い道がないと切り捨てにしてしまうだろう。まして、現代のような補助金もないから金にならない作業は行わない。当時は山に登るのも作業するのも人力である。無駄なことは極力しなかったはずだ。だから伐った木の使い道を考えた。ちなみにほかの林業地では、間伐そのものをほとんど行っていなかった。間伐という技術を身につけたのは、吉野のほか、ごく一部の林業地である。

間伐した材は山から下ろした。そして商品化した。江戸時代初期に「銭丸太」という商品が登場している。断面が銭（硬貨）のような細い丸太でも、町に運べば売れたのだ。棒としての用途もあれば、並べて使えば壁材にもなる。今でも古い民家に銭丸太を戸や窓、扉の格子にしている例がある。当時は貴重な素材だったのだろう。

間伐は数年ごとに行われ、その度に少しずつ太い間伐材が収穫される。それらは太さに応じて用途を生み出し販売されて収益をあげるようになった。

直径が五、六センチになれば、農村で稲穂を干す架台として重宝された。町では二〇年生の丸太が建築現場の足場丸太に引っ張りだこになった。やがて、丸太の皮を剝いて磨き、白くツ

吉野林業は、樽丸の製造で有名。このほかにも多くの木工品を商品として生み出した。(『吉野林業全書』より)

ルツルに仕立てるのが流行った。それが磨き丸太だ。数寄屋風建築のオシャレな意匠材となる。最初は京都の北山で生まれたが、吉野でも生産されるようになった。現在の床柱は専門に生産されているが、当初は間伐材だったのである。

四〇〜五〇年生となると、立派な柱や梁などの建築材となった。さらに太くなれば縦挽きして板の生産も可能になる。板にすれば一気に用途が増えた。

江戸中期になると、米あまり時代になる。そこで余った米で酒をつくることが許可された。近畿各地に酒どころが発達していくが、酒のような液体の商品は生産・運搬する過程

明治時代に登場した木材運搬手段・木馬。人力だが、搬出量を飛躍的に増やした。（絵葉書より）

で桶や樽が必要となる。樽の部材（板）を樽丸（たるまる）と呼ぶが、節がなくて年輪が密に詰まった材が向いている。弱度間伐を繰り返して密な年輪になった八〇年生以上の吉野杉がもっとも樽丸に向いていた。おかげで樽づくり、桶づくりの素材として吉野のスギは重宝されるようになった。しかも樽丸はスギを割った板片だから、軽くて女性でも背負える。山の集材場で樽丸に仕立てて、女が運び下ろすシステムが誕生した。それは吉野林業を樽丸林業と称するほど発展する。

なお杉皮や檜皮（ひわだ）も、重要な商品となった。屋根材のほかさまざまな使い道が生み出されたのである。そこで立木や伐採した直後の木から樹皮を剥いて商品化が進められた。そのほか、スギやヒノキの枝葉まで売り物にするようになった。

このように山から採れたものは全部売るようになった。かくして吉野林業は盛況になり、あらゆる太さの木材が出荷されるようになる。

伐採は、オノなり横挽きのノコギリを使うが、人力の時代に搬出がネックだった。太くて長いと重いから山から里まで運ぶのが難しいのだ。江戸時代は丸太を人の肩に担いだり引きずったりして山から谷に下ろした。明治になると木馬（きんま）が発明された。木の橇（そり）に丸太を積む運搬手段である。そして川を流す方法がとられた。最初は一本ずつ、次第に筏を組んで大量に流せるようにした。その代わり、筏を流しやすいように川を改修しなければならない。コツコツ川の中にある岩を砕き川幅を広げた。筏の上には物資も積める。木材輸送が物品の流通にも役立った。積み荷には樽丸もあれば薪や木炭もあっただろう。

またスギやヒノキが大きく育ったら、木々の間でミツマタのような和紙の原料の栽培も行われた。さらに里周辺や河岸でコウゾやウルシノキが栽培されるようになる。おかげで吉野では和紙づくりや漆芸が発達して、吉野塗、下市（しもいち）塗、あるいは吉野和紙として評判になった。吉野は、かつて漆器産地であり和紙の里だったのである。漆芸は消えたが、吉野和紙は今もわずかながら残っている。

そのほか樽丸や製材過程で出る半端な寸法の端材からは、割り箸や木箱、三宝（さんぼう）（正月の鏡餅など神饌（しんせん）物をのせる盆台）などの木工品づくりも盛んになる。とくに割り箸は、後に一大産業になった。

こうして森林から生み出されるすべてのものを商品化したのが吉野林業だった。そこには無

川辺まで下ろした木材は、筏に組んで流した。戦後まで続く。（絵葉書より）

駄がなく、経済的にも成り立つうえ、森林も長期的に育成されるようになった。

鍵を握るのは幅広い情報

吉野で森の産物をすべて商品に仕立てる開発が上手く行われたのはなぜだろうか。明確な理由はわからない。ただ私は川下の都市部、あるいは全国各地との結びつきがもたらした情報にあると睨んでいる。

吉野山は、古くは修験道の行者が行き交う場だった。全国から行者（山伏(やまぶし)）が修行のためにやってくる。現在は世界遺産になった熊野古道が有名だが、吉野山と高野山、熊野三山という霊場のある紀伊半島は、半島山岳部全体が聖地である。訪れる行者は、地元の民と触れ合っただろう。行者といっても、彼らは平時は里や町で仕事を持つ在家である。他国の人と交われば情報の交換が行われる。それは吉野の人々にとって各地の事情を知るチャンスなのだ。ときには、どこの地方でどんな商品が生まれた、売れているといった情報も伝わったのではないか。

室町時代には吉野に浄土宗が入ってきた。また畿内一円に浄土真宗も広がり、各地に寺を中心にした寺内町づくりが進んだ。寺内町とは同じ信徒が集まり、主に環濠(かんごう)を巡(めぐ)らせた集落だ。最初は山科(やましな)本願寺、その後は石山本願寺を拠点に信者による町づくりが進み、多くは商業で栄えた。堺もその有力拠点だ。奈良県中部の橿原(かしはら)市今井町は、寺内町として発展して当時の奈良の経済の中心となる。ただ町づくりには莫大な木材が必要となる。とくに大寺院は太い柱を必要としたが、それを吉野に求めたとしても不思議ではない。吉野に木材を買いつけに商人が来れば、彼らも情報をもたらすだろう。

江戸時代には、吉野山の桜目当ての行楽客が全国から押し寄せた。また薬種（やくしゅ）栽培が盛んになる。紀伊半島は漢方や和薬に使われる薬草の産地だったので、それらの採取や栽培が吉野一帯に広がったのである。当然、薬種の買い付けに商人が行き来する。

江戸後期から明治にかけて、吉野の山は国中（くんなか）と呼ばれる奈良盆地に拠を構える豪農・豪商の手に渡っていく。それは山の民の借財のカタとして差し押さえた面もあるが、里の資本が山へ投資される過程でもあった。ただ、山の民は単に山を取られたのではなく、管理権は握り続けた。それが山守だ。山主と山守の誕生は、森林の所有と管理の分離を意味する。山守は山主の森を管理し、木を伐採したり販売したりする権利を握った。当時の山は、土地としての所有権は弱く生えている樹木に価値があった。だから立木権が設けられた。

一方で国中の山主は、木材価格の上がり下がりとか、高く売れる木工品などの情報を山守に伝えただろう。また川を流した木材は吉野川（紀ノ川（きのかわ））を下って、紀州藩・和歌山県を経て海を渡って大坂（大阪）の木材市場に運ばれる。その過程でも人々の間で情報のやり取りがあったはずだ。このように吉野では、想像以上に多くの人と情報が行き交った。それが吉野林業の発展につながったのではないか。

以上は私の想像だが、行き交う人々が増えれば都会（江戸時代は奈良や京都、大坂）の情報がもたらされる。商品開発も盛んになるに違いない。京都で生まれた磨き丸太を、いち早く取り入れて生産したのもその一例だろう。

吉野の産業構造を整理してみると、まず木材が商品として価値があることを認識する。そこで山に植林を行うようになる。育林に必要な作業で出た木材などを売れる商品に変えていく。下草から始まり、徐々に太さを変える間伐材、製材・樽丸加工によって出る端材まで商品化する。それらをいかに高価な商品にするかが腕の見せ所だ。そして流通網も築かれていく。この連携が吉野林業の発展を支えたように思う。

我が世の春に浮かれた結果

明治になると販路は畿内に限らず東京圏へと広がった。輸送路が確立したこともあるし、「吉野に良材あり」と宣伝して評判が広がったおかげでもある。

しかし、それだけではない。当時は日本国中で森林資源の枯渇が進んでいた。ところが吉野は例外的に豊かな緑を保っていた。それは育成林業の発達ゆえだ。そのため明治政府も積極的に「吉野に学べ」という掛け声のもと、全国に吉野式の森づくりを普及させようとした。吉野林業を紹介した多くの書物が出版され、吉野の林業人が全国を行脚して技術を伝えたことが記録に残されている。それらが上手く各地に根付いたとは言えないが、少なくとも吉野林業の宣伝となり、同時に吉野材が名声を博したのだ。

森づくりの技術と木材搬出技術。さまざまな太さ・長さ・樹種の原木を生産する供給力。商品開発につながる情報収集力。そして実際に商品を開発し生産する地場産業。それを販売する広報力と営業力。すべてが噛み合って吉野林業は全国の憧れとなり希望の林業となった。明治・大正時代、吉野の山村に全国からの視察者が絶えなかったという。

それは時代の波に乗りつつ昭和と進む。日中戦争から太平洋戦争にかけて、木材は軍需物資だったから全国の林業地で強制的な増産が行われた。しかし吉野は急峻な地形などを名目に伐採要請をはねのけた。所有権と管理権の分離が功を奏した面もあったが、何より過大な伐採が林業の持続性を失わせると山の民が理解していたからだろう。だから軍部の圧力に言を左右にして伐り惜しみ、森を守ったのだ。そこには自主独立の気概を感じる。

そのため敗戦後の日本でまっとうな森林資源が残されているのは奈良の吉野だけ、と言われる結果となった。それは進駐軍の報告書にも残されている。

吉野はまたも、戦後の林業をリードするようになった。戦前から続くブランドに加えて、木材を安定的に供給できる林業地として栄えたのだ。それどころか吉野には全国から優良材が集まるようになった。吉野の木材市場を通せば〝吉野材〟になる。吉野ブランドを付けて価格を上げようという意図からである。

当時、吉野の林業家の懐に莫大な資金が集まり、それは株式市場に注ぎ込まれたという。一部の銘柄に集中的に投機して仕手戦(してせん)を仕掛ける例もあった。その現象と資金の源泉は、「吉野マネー」と表現されたのである。

こうして林業地としてずば抜けた成功を収めた吉野だが、その栄華は一九九〇年代のバブルの崩壊とともに終わりを告げる。その傾向は戦後徐々に進んでいた。移ろいゆく木材商品の需要に合わせた商品開発を忘れたのだ。足場丸太が金属パイプに替わるなど、多くの木材製品が金属やプラスチック製に置き換わった。それなのに間伐材の新たな商品化を怠った。建築材が高く売れているから困らないと放置したのである。

多彩な商品群が吉野林業の強みだったのに、徐々に崩れていった。そして屋台骨だった建築材もバブル崩壊後は売れなくなった。洋風住宅の人気が高まって、木を見せない大壁構法が主流となり、鉄筋コンクリート製、軽量鉄骨製など非木造住宅も増えたからだ。手間と金をかけた植林・育林で優良木材を生産し高く売るというハイコストハイリターン構造は、木材価格の下落を受けてハイコストのままローリターンになってしまった。

しかし、かつての森づくりと町の消費を結んだ商品開発のシステムは、今の世でも一考に値するだろう。

3 森を絶やさず林業を行う恒続林

スイスのエメンタールの森を視察したことがある。意外と知られていないが「スイス林業は世界一」と謳われた時代があり、その代表的な林業地である。

エメンタールの森は、恒続林という言葉で表される。恒続林とは、漢字の意味のままで、恒（常）に続く森林という意味だ。ただし原生林のように手つかずで存在するのではなく、林業も行う。つまり木を伐りつつ森林をなくさず続ける森林である。ドイツ語からの翻訳だが、森であり続ける（環境が持続的）こと、木材生産が続けられる（林業が持続的）ことを両立できるのだから、理想的な林業形態と言えるだろう。

この言葉が世間に登場したのは、一九二二年発行の『恒続林思想』による。アルフレート・

メーラーの著作だ。彼は、一九世紀半ばに生まれたザーリッシュの『森林美学』や林学者ガイヤーの系譜を引きながら、あるべき森と林業の形として恒続林という森を発想したのである。これが日本で初めて翻訳されたのは一五年後の三七年だった。

その要諦を記すと、皆伐は極力せず、必要な木を選んで伐り出す択伐で木材生産を行う。木を伐った場所は森林内の開いた空間（ギャップ）となり、林内に光が入る。すると残した木が枝葉を伸ばせるようになり、林床に草が繁り土壌を守る。また開いた空間に周辺から種子を風や鳥が運ぶなどして、次の世代の樹木が自然と生えてくることに期待する。上手く育たないときは人が植樹してもよい。一方で伐った樹木は森から運び出し木材として人間が利用する。これを繰り返すと、森はなくなることなく維持できて、同時に木材を得ることもできるというわけだ。

なお択伐と似ている保残木施業とか将来木施業、保持林業（retention forestry）という言葉で行われる伐採方法もある。これらは伐採する木ではなく残す木を選ぶものだ。保残木施業は、残した樹木を母樹として種子の散布が行われることに期待する。将来木施業は大きく育てたい木を選び、その木の生長を邪魔しそうな周辺の木を伐る。保持林業は基本を皆伐とするが、伐採後に森林生態系の回復を早めるため全体面積の数％から四〇％ぐらいの木々を残す。広葉樹を選ぶことが多い。

それぞれの意図や作業技術は違うものの、自然の力を利用して次世代の樹木を育てて森林を保全しつつ木材生産を行う手法である。伐採は利用と保育の両方を兼ねている。そんな林業が欧米の一部では行われてきた。

これらの作業で成立する森は、基本的に異齢の針広混交林である。一種類もしくは数種類の、人が有用とした樹種だけを一斉に植え育てる森ではない。伐採によって開いた小さな空間に新たな木々が育つのだから、森林全体で見たら多くの樹種がさまざまな年齢で育ちモザイク状に混じっている。その様相は天然林に酷似する。合自然林業、あるいは近自然林業という言葉も使われている。

大木ばかりの森は失敗作

恒続林の考え方は、一時中央ヨーロッパを風靡して、各地で試された。いくつかの優秀な森林官のいる森では成功したが、必ずしも全部が上手くいったわけではなかった。なぜなら土地の環境条件は一様ではなく、どの木を伐採するか選択が難しい。伐る木によって伐採後の森がガラリと変わるから、一つ誤ると上手くいかない。択伐後に残された木々の生長がよくなく、全体に森を劣化させる例も少なくなかった。また木材生産量も多くならず、伐採作業も難しい。倒伏後の搬出も手間がかかる。技術がいるうえコスト高なのだ。スイスでも失敗した土地は多いそうだが、エメンタールは成功した数少ない森の一つだ。

結果的にほとんどの場所で廃れていく。ところが二〇世紀も終わろうとする頃、急に息を吹

スイス・エメンタールの恒続林。一見、天然林のように見えて木材生産もしっかり行われている。

き返した。一九九〇年代、中央ヨーロッパでは風害や虫害が相次ぎ、同樹齢で単一の樹種から成る一斉林（いっせいりん）がばたばたと倒れ枯れたのだ。やはり同年齢・同樹種ばかりの森は災害に弱かったのである。

そこで恒続林の考え方が再び取り入れられた。現在行われているのは、ドイツのほかスイスやオーストリア、スロベニアなど中央ヨーロッパが中心だ。今やそれらの国々では皆伐が原則禁止され、択伐で木材生産が行われている。かつて上手くいかなかった恒続林づくりが再びよみがえり、一定の成果を出せたのは、森林環境に精通し恒続林づくりの知識と技術を備えたフォレスターが養成されたからだろう。まだ政策転換されて二〇～三〇年だから完璧な状態ではないにしろ、それらの地域では、そこそこ恒続林がつくられている。

エメンタールの森は、一九〇〇年代から恒続林をめざしてつくられた。一〇〇年を超えるだけに、さまざまな木々が生え、樹齢もバラバラだ。天然林のようだが、よく見ると林床のアチコチに切株があって、木々を抜き伐りしたことを示している。

恒続林は森林の自立的な生長に任せているので、造林コストが極めて低い。植林するのは天然更新が進まなかった場所だけで、その後の育林にもコストをかけていない。

面白かったのは、案内してくれたフォレスターが、八〇年生の太いトウヒやモミが密集する一角に私たちを案内したときだ。そこで彼が放った言葉が衝撃だった。

「ここの部分は、失敗例である。こんな大木ばかりが育っている森にしてしまった」

一般に大木ばかりが立ち並ぶ森は、美しさも合わせて立派な森とされ褒められるだろう。しかしフォレスターによれば、異年齢の樹木が混じっていなければ恒続林ではないし、森林生態系的にも健全ではないという。すべてが大木だと、それらの木の寿命が尽きたときに次世代がないことになるから、森林の状態がガラリと変わる。常に同じような森を持続していくべきだから、この森づくりは失敗というわけだ。

なお樹種のバラエティは、高木で二〇種、低木を加えても五〇種に届かないそうだ。日本に比べてかなり少ないのは、スイス（というよりヨーロッパ）がかつて氷河に覆われていたため、植物相が非常に少なくなったためである。

とはいえ収穫（択伐）される樹種のバラエティは日本の人工林よりはるかに広い。ヨーロッパの植生は貧弱だが、それでも針葉樹はトウヒにマツ、モミなど、広葉樹のブナやタモ、ミズナラ、シラカバ、メープル……も加えて十指に余るほどある。日本の人工林がスギやヒノキ、マツ、それにカラマツしかなく（北海道を除く）、それも同一場所に単一樹種を植えている林業地がほとんどである点と比べると、非常に多く混交しているように思える。

多様な樹種があれば、それらの木材用途をよく考えて出荷先も選ばねばならない。広い知識が必要なうえ手間もずっと増えるだろう。しかし、それは経営上のリスクヘッジになる。木材価格は常に上下する。多様な樹種を扱えば、一つの樹種の木材価格が下落しても、高値をつける木材でカバーすることができるのだ。たとえばブナが害虫の被害にあって材を出せなくなったときにタモが売れる。モミの価格が落ちてもトウヒが高値かもしれない。また若木から老齢木まで揃っているということは、直径もさまざまな木材を生産できる。そのほか風水害や獣害などの被害に対しても樹種によって強弱が出るから、森全体が壊滅するということは起こらないだろう。樹種が違えば枝ぶりや根系の広がりも違っていて、それが交わることで防災効果を強めるとされる。もちろん天然林に近いということは生物多様性も増すことを意味する。つまり環境的に優れている森なのだ。

優秀なフォレスターの存在

恒続林は、環境や防災だけでなく、林業的にも経済変動に強い森である。大きな利益は出せないが、長期的には安定した経営が可能だろう。

ただし、多様な木材を自然に任せて生産するわけだから、最初から木材の用途を考えて育てるわけではない。林業家（フォレスター）は恒続林をつくることに全力を傾け、そこから出す木々は、その時期のマーケットに合わせて選ぶ。また収穫した木材を見て、その時期にもっとも利益を生む使い方を考え出荷するのである。

付け加えると、ヨーロッパは植物の種類が少なく地形も比較的単純、気候は冷涼ゆえに雑草が繁茂しにくく、病虫害も比較的少ない。だから伐採後の森林の変化の予測をしやすい。日本のように植物の種類が数百、数千あり、尾根一つ谷一つ越えたら気候も水分条件も地質も変わる地域では、一本の木を伐っただけでも、その後の森の変化を予想するのはかなり難しい。また伐採して林床を明るくすると、すぐササが繁茂してほかの種子を受け入れなくなる。天然更新が難しく、昆虫や野生鳥獣の影響も複雑である。

恒続林づくりは戦前の日本でも試されたが、結果的に上手くいったところは少ない。しかし、決して恒続林をつくるのが不可能なわけではない。篤林家のいる地域では、日本でも恒続林に似た森がつくられて、皆伐をせず木材生産し、森を持続的に扱っている。その点については後述しよう。

4 投資ポートフォリオとしての林業

日本で林業に対する投資は、極めて低調だ。投資するからには将来価値が上がる見通しがなければならないが、それが絶望的だからだろう。

しかし、アメリカではまったく正反対の動きが起きている。森林は投資先として有利という認識が広がっているのだ。それどころか、巨大な投資ファンドが自ら広大な森林を所有し、経営に乗り出している。一体何が起きているのか。利益が確保できる「見通し」はなぜ生まれるのか。また、ファンドがどのように森林を取り扱っているのか。

アメリカには数十万ヘクタールに及ぶ大規模な私有林が多い（森林面積の約七割）。だからアメリカで森林を所有するのは巨大林業会社だった。広大な森林を保有し、そこから木材生産をするだけでなく、製材やチップ化にとどまらず、建材や家具、製紙まで手がける幅広い事業を展開する林業コンプレックスを形成していた。ところが、現在は様子が変わってきている。

ここ二〇年ばかりの間にＴＩＭＯ（森林投資管理組織）やＴ－ＲＥＩＴ（林地投資信託）と呼ばれる各種の財団や基金のほか公的年金や退職金などを扱う巨大な投資ファンドが森林への投資を増やしている。その額は二〇一三年の時点で約一〇〇〇億ドルの規模に達するという。短期利益を重視するファンドが、長期的経営を求められる林業に手を出すのは矛盾するように感じられるだろう。まさか、森林を丸刈りして短期で利益を得たら跡地を棄て、次の森に移るような刹那的なビジネスではないか……と危ぶんだが、そうではなかった。

これらのファンドは、しっかり森を育てつつ、適正な利益が出るように木材や林地の売買を行っている。林業は日本では赤字なのに、アメリカでは儲かる事業とされ十分な利益が期待されていた。だから優良な投資先と認識されていたのである。

アメリカ不動産信託協会発表の資料によると、林地投資に対する収益率は、一九八七年から二〇一一年までの平均で名目年間一三・五％、実質年間一〇・三％だった。つまり林地に投資して毎年平均一〇％程度のリターンがあるわけだ。その利益の中身は、木材販売だけでなく、林地（不動産）の資産価値の上昇も含まれている。

そこには冷徹な資産運用を行う眼がある。

林地は、ほかの金融資産（株式や商業不動産など）と負の相関を持つという。つまり株価の上下に対して林地価格は逆に動きがちで、しかも長期的に安定している。両者を合わせて多様な投資先と組むと、資産運用時のリスクの分散が図れる。だから林地は魅力的な投資先の一つとなるのだという。

もちろん林業にかけるコストを抑え、利益を早く得るための努力もしている。

たとえば植栽本数を減らして植林コストを下げるほか、早生樹種の採用や短伐期・小径木化（ベイマツの伐期を約七〇年から約四〇年に引き下げ）を進めた。木材の加工技術が進歩して小径木でも集成材やボードの素材となるからだ。また特用林産物（木材以外の産物）や畜産飼料の生産、ハンティングほかのレクリエーション利用、そして不動産売買も行う。

さらに二酸化炭素の「排出権取引」も有利に働く。森づくりは炭素固定に貢献したと認められるのだ。だから森を育てれば育てるほど、林地の資産価値は上がっていく。おかげで投資リターンの過半は、林地の資産価値上昇で得られる。育林費用も経営を圧迫する「コスト」ではなく、将来へ向けた「投資」として認識されているのだ。

このような動きは、アメリカだけでなくニュージーランドやチリ、東南アジアなどの人工林でも進んでいるそうだ。

日本にもある転売可能な立木権

日本では、なぜ森林が投資対象にならないのだろうか。

一つは育林にかける費用の差がある。日本の育林費はアメリカの一〇倍以上。植林や育林の作業に手間がかかりすぎるのだ。そのため支出した費用に見合うリターンがないと考えられてしまう。しかし、日本でも植えた木が育つと林地の価値が上がると見込めたら、資金が流入するかもしれない。

歴史をひもとけば、日本でも森林は投資対象になっていた。すでに紹介した奈良の吉野林業では、歴史的に立木取引（樹木のままの売買）が盛んで、林地の転売も珍しくなかった。たとえば豪農・豪商が、更地（伐採跡地を含む）を購入して、地元民に投資して植林を行わせる。その後、下草刈りなどを行いながら一〇〜二〇年を経て木々が育った時点で転売することがよく行われた。もちろん当初の購入額に育林費を加えても十分に儲けが出る金額で売ったのだろう。木を育てることで土地の資産価値を上げたのだ。若い林地を購入した者は、さらに間伐などを施して間伐材収入を得つつ木を太らせ、また転売した。それを繰り返して最後の所有者が、高齢木を伐採して金に換えたのである。その名残である「立木権」は法的にも認められていて、今も立木だけを登記することは可能だ。

このような林業を展開すれば、長い期間をかけないと収益のあがらない事業ではなかった。せいぜい一〇年から二〇年で元を取り返せた。売値によっては大きな利益も出た。そして育林の世話がほとんど必要ない成熟した森を購入した所有者は、少しずつ択伐して利益を出しつつ、最後は一〇〇年を超える年月を経た大木を収穫でき、大きな利益を手にできたのだ。

植林や間伐などの作業は林地の価値を上昇させる行為だった。資産価値を上げ利益を確保するという理屈は、アメリカの投資ファンドと近いと言えるだろう。

広がる分散投資とＥＳＧ投資

ここで改めてポートフォリオという考え方に触れておこう。ポートフォリオは証券用語としては「資産管理」をさす。投資家が現在持っている金融資産、具体的には「保有する有価証券」の組み合わせを意味するようになった。

たとえば資金を銀行預金のほか国債と株券、外貨、金（きん）などに分けて投資する。会社の株券もベンチャー企業と安定企業に振り分ける。銀行預金は元本が保証されるものの利子はわずか。株式や外貨はリスクが大きい一方でリターンも大きい。こうした分散投資がポートフォリオの根幹である。

投資先にハイリスクな金融商品ばかり選んだら破綻した際に困る。しかし、安全第一で利益が小さすぎても投資する意味がない。だから投資先を上手く配分して、リスクとリターンの適正化をめざす。一カ所に集中させずに分散することが、ポートフォリオでは重要だ。

そうした眼で林業を見返すと、超長期的な投資先の一つとしては非常に優良だとアメリカのファンドは判断したわけである。

残念ながら、日本のファンドは、林地を数十年単位の投資先として見る眼はほとんどない。ここでも目先の利益優先の発想に捕らわれているのだろう。

しかし国産材を見直す気運はある。為替変動が大きな時期には外材価格が乱高下することが製材会社やプレカット会社、そしてハウスメーカーなどで問題とされてきたからだ。その点国産材は価格が比較的安定している。だから目先の木材価格で購入先を選ぶのではなく、国産材を長期的な契約で購入する動きも徐々に起きている。

またESG投資と呼ばれる動きも広まっている。環境や社会貢献、企業統治（違法行為の監視など）への配慮を重視する企業を投資先に選ぶ動きだ。環境系の事業体を探している機関投資家も少なくない。企業側にも、環境を意識するところが増えてきた。ESG投資は欧米では急速に伸びており、すでに大きな潮流になっているのだ。日本はかなり出遅れたが、環境系企業への投資意欲は強まっている。そこそこの利益が見込めたら、投資対象に加えたい意向を持つだろう。

これまでの林業は利益が出づらいだけでなく木を伐る環境破壊的イメージが強くて、そうした投資先と見なされなかった。しかし豊かな森をつくる林業ならば、明快なシステムと投資者への説明を行うことで潜在的に有力候補になり得るだろう。

すでに大企業が森林を購入して長期的な視点で森づくりを始めたり、地域の有力山主が近隣の森林を預かって育林から伐採まで請け負うケースは登場している。三重県の林業家が手放した山林をトヨタ自動車が購入し、地元の有力林業家に受託経営させているケースもある。また三井住友信託銀行は、個人や自治体の所有林を管理する「森林信託」のサービスに乗り出した。山主側も所有権は譲って受益権を確保するという考え方も出てきた。以前は所有権をファンド先に移転させることを嫌う山主が多かったが、所有権を移した方が納税などの負担がなくなるうえ、受益権を確保しておけば木材販売など森からの利益を受け取ることができるからだ。

分散投資の考え方とともに、森林への投資によって林地をビジネスの俎上(そじょう)にのせることは、意欲的な次世代の森づくりを進めるためにも重要だろう。

5 篤林家たちの森と林業

第1部・第2部で日本の林業および林業関係者の問題点を山ほど羅列してきたわけだが、もちろんすべての林業家が、紹介したような体たらくというわけではない。頑張っている、そして先進的な取り組みを行っている林業家、森林組合、林業事業体、そして個人で山仕事を行う人も多数いる。そうした人々を篤林家と呼ぶが、彼らの基本は森林の持続性を心がけていることである。そして長期的な視野に立っている。決して短期的な利益を追い求める経営をしていない。

そんな人々の例も紹介しておこう。それは私なりの「希望の林業」につながっている。

まずは昔ながらの吉野林業の作法を守っているケースだ。

吉野林業では、伝統的に森林を所有する山主と、森林管理を請け負う山守に役割を分離している。山主は、長期的な視点で経営を行う覚悟を持つ。山守も代々森を預かり守ってきた矜持も含めて、五〇年、一〇〇年先を考えて作業を行う。この長期の視点が最大の強みだ。だから吉野には一〇〇年どころか二〇〇年、三〇〇年生の人工林がいまだに多く残る。

私は二三〇年生の森の〝間伐〟に立ち会ったことがある。その山は直径が一メートルを超えるスギの巨木が立ち並んでいたが、その中から一〇本ほど伐採することになっていた。風雨や雷などで傷ついた木を選んでいたから劣勢木間伐だろう。劣勢木といってもこれほどの大木になると銘木級と言える。一本一本ていねいに伐採し、山で半年ほど枝葉を付けたまま乾燥を行ってから搬出するという。

実は私が立ち会ったのは今から二〇年以上前だから、現在では二五〇年生以上の森になっているはずだ。あの森には、そんな木がおそらくまだ一〇〇〇本以上残っている。

残念ながら戦後は、生業として山守が十分な暮らしを維持できなくなってきた。また後継者難もあり、有名無実化しているところも多い。必ずしも子息が継いでくれるとは限らないからだ。しかし、山主と山守のタッグが上手く続いているところでは、時代の風潮に流されず、息の長い経営を心がけている。

恒続林めざす山主の気概

自らの所有する森林を恒続林化しようとする林家もいる。数は多くないが、まったくの例外ではなく、全国に点在している。地域的には北海道から九州まで各地にあった。積極的に恒続林をめざす山主の中には、恒続林を提唱したメーラーの名も、恒続林という言葉さえも知らずに自ら理想とする森づくりを行い、結果として恒続林が誕生したケースもある。なかには社有林や国有林もあるから、その森の若年期に携わった社員か技官が意識して手がけたのだろうか。

少し意外だったのは、思っていたより長い年月をかけていないことだ。それまでスギやカラマツなどの一斉林だったが、思うところあって森づくりの手法を変えて針広混交林に誘導して、択伐をするようになった……それはたかだか三〇年くらい前だという。

三〇年程度なら林業経営からすると、さして長い年月ではない。まだ途上だというが、見た目は天然林と見紛う森になっている。植林木の周囲にさまざまな広葉樹が育つ。また自然散布の種子から生えたと見られる若いスギもあった。広葉樹の中には大木もあって、意外と生長は早いという気がした。

一斉林を恒続林、もしくはそこに至る過程の針広混交林へ誘導するのは、わりと短期間でできる（少なくとも一世代の間にできる）と思えば希望も湧く。これが一〇〇年以上かけねばならないと言われたら、意欲的な林家であってもしり込みするだろう。

そうした山主の多くは、自らの森林の木々に一本ずつナンバリングをするなど毎木管理をしていた。あるいは作業はなくても、毎月のように現場に通っていた。どの木はいつ植えて、いつどんな管理を施したか、太さはいつの時点で何センチか、そしていつ何本伐採したのか……と記録に残している。完全に森を把握しているのだ。そんな作業をするのは仕事を超えた森への愛があるからだろう。

択伐作業は非常に技術を要する。どの木を伐るべきか選ぶことが、後の森林の姿を決定づけるからだ。もっとも高く売れる優勢木を選ぶべきか、二番手を選ぶべきか。機械的な選木はできない。そして伐倒方向の制御や倒した後の搬出方法、森林土壌への配慮……それには優れた現場の担当者が必要である。優秀な技術者の養成は欠かせない。

森に携わるトップの資質も問われる。長期に持続的に森を育てる意志を持つだけでなく、見識も求められるだろう。某地方の天然林を伐採する計画が動き出したところ、その地域の森林組合のトップが計画を止めるために奔走した話を聞いた。その森に天然記念物のシマフクロウが営巣していることを知っていたからだ。通常なら、その伐採事業に参画して組合としての利益をあげることを考えてもよさそうだが、逆に伐採させないように動き、その森林を買い上げようとした。結果的に出資者を見つけて森林の買い取りを実現したそうである。しかも組合で預かるのではなく、所有を自然保護団体にした。組合はトップが代わると方向性も変わり、長く保全するには心もとないからだという。

素材生産業者の中にも、山主への配慮にこだわる人がいる。山主から伐採を請け負うと、その跡地の植林と下草刈りを五年間無料で実施するというのだ。他人の山を伐採するのが仕事ではあるが、それで終わらせると次の世代に森を引き継げないという思いがあるからだ。さらにＮＰＯ法人を設立して木造建築の普及にも力を尽くしている。次の世代の森を育てるのは、他人の山といえども森に関わる仕事をする者としての矜持だろう。

必要な「家訓」「社是」「国是」

林業が「家業」として行われることが多いのは、税制もさることながら、家族なら長期の記憶も含めて山を引き継ぎやすいからだ。子どもは親や祖父母から「我が家の山」の話を聞かされて、「山は守らねばならない」という意識を持つ。否応なしに長期的視点を養うのである。

同じことを社有林でも、公有林・国有林でも行うべきではないか。社是（しゃぜ）、国是（こくぜ）として森林を守る気概がないと社有林・国公有林を守り、林業を続けることはできない。

日本には数万ヘクタールもの森林を所有する企業がいくつかある。その一つの森林管理部門のトップに聞き取りをすると、「うちの山の経営では、年間二億から三億円の赤字が出ています」とのことだった。

「しかし、うちの企業グループの年間売り上げは数兆円あるんですから、その程度はたいしたことではない」

その担当役員は言い切った。が、肝心なのはその後だ。「グループは森林を保有し続け、それを管理していく社是がある。それはグループ内のどの企業も認めていることだ」

森林は守り続ける、という社是を引き継いでいるから、当面の赤字は別の部門の利益で面倒を見るという合意が図られているというのだ。

巨大企業グループでなくても、山主が別の事業を展開して、その利益から森林管理費を捻出しているケースは少なくない。いや、こちらの方が普通だろう。実は吉野林業を支える林家も、今や多くがそうだ。景気のよいときに都市部に不動産等の資産を持ったり、別分野の事業に進出して所有林の経営を安定させてきたところが多い。世に知られたファッションブランドを持つ山主もいる。同じように各地にファストフードのフランチャイズ店を抱えるところもあれば、地域に密着したスーパーマーケットやガソリンスタンド、保険代理店などを手がけるところもある。そうした山主が森を守り続けている。

ビジネス界でしのぎを削る中、赤字部門は切り捨てたいと思うのが通常の企業だろうが、森林所有は会社の資産だと捉えているのだ。だから短期的に赤字を減らすため森林を手放すような真似はしない。ここにも矜持が見られる。

もちろん経営的には葛藤があるだろう。もし本業の業績が芳しくない場合はより悩む。それでも森を手放せないのは、そこに「家訓」「社是」と呼べる原理原則の意識があるからではないか。森林から短期的に利益をあげるのではなく、長期保有の覚悟を持って経営の体制づくりを行っているのだ。

ただ、長い歴史の中では、所有していた森林から相当な利益をあげた時期もあったはずだ。材価高騰は一〇〇年に一度ぐらいはある。現代なら、排出権取引などに森林を利用できる可能性もあるし、CSRなどに絡めて企業イメージに寄与する面も含めたら資産価値は大きい。一方的に赤字を垂れ流しているわけではない。国有林も戦後の一時期は木材収入の一部を一般会計に繰り入れていた。その総額は九二〇億円に達する。

アメリカの森林ファンドのポートフォリオと通じるところがあるかもしれない。多角経営の一角に森林も含める。多角経営によって森を守る。今は利益が出なくても将来的には所有林がグループ全体を助けてくれる可能性だってあるわけだ。

ただ、現在の日本に森を守るという「国是」は見当たらない。

6 絶望の中に希望は見つかるか

最後に、私なりの「希望の林業」をまとめよう。

まず森林の経営は、ポートフォリオつまり分散投資と多角経営を基本とする。長期的視点で動く森林経営を支える別の収益源を持って全体のバランスを整えるのだ。

不動産業や飲食業、アパレル業、運輸流通業……とまったく別の業種と組み合わせるのもよいが、森林を利用する事業による分散化も考えられる。キャンプ場や遊戯施設、花園など観光施設などの経営で短期利益（数日〜一年）を得て、醸造業や木材加工、林内の作物栽培などで中期利益（数年〜一〇年）を得る、そして五〇年以上のサイクルで経営する林業……のようなバランスを取る経営もあり得るのではないか。

次に、林業自体の多様化も必要だ。樹齢の多様化、樹種の多様化、そして産物の多様化である。それは環境にとっても経営にとってもリスクヘッジであり、新しいチャンスをつかむ元になる。需要は時とともに変わるが、新しい売れ筋に対応できる資源の生産という意味で多様性は欠かせない。多種類で異年齢の樹木の育つ森ならば、さまざまな生産物が存在する。針葉樹材だけでなく広葉樹材も生産されるし、林床の低木や草本も売れる資源になるかもしれない。そうした経営は、単一樹種・同樹齢林を皆伐・一斉造林する林業では無理だろう。そんな林業では経営は安定せず、むしろリスクを増大させる。森林経営にハイリスクハイリターンの道は選ぶべきでない。

重要なのは森づくりの指針だ。そこで考えるべきは資源（林木）と商品の関係だろう。数十年も先の木材の売れ筋を読んで、どんな木材が高く売れるだろうと考えて今から森づくりを行うのは不可能である。流行は短期間に変化する。技術の進歩も早い。画期的な情報通信技術や新素材の登場……など何がどのように進むかわからない。だから、森づくりは木材の生産を目標にしない。森林生態系を健全にすることを大前提とする。

樹木草本、土壌、そして野生動物まで含めた生態系を多様で健全に育成することを目標とするのだ。生物多様性のある森は災害にも強いと研究でも指摘されている。病虫害の拡散を防止するほか、異齢・異種の樹根が伸びた表土は崩壊しにくい。結果的に防災となり多様な資源の育成にもなる。リスクを減らせばコストダウンにもつながる。

そのうえで利益をあげる方策を練る。すると過去の吉野林業方式が浮かび上がる。

まず健全に木々を育てる過程で出てくる産物（間伐材や下草など）や、製材過程で発生する端材、樹皮などを可能な限り商品化する。当然ながら新たな商品の開発のため、広く情報収集を行う必要がある。世間のニーズだけでなく、木材加工など新技術の情報を取得することも重要だ。同時に営業力も身につけねばならない。

よく木材の質を上げて付加価値を付ける、という言い方をされるが、これは矛盾を含んでいる。なぜなら木材の質とは何なのかが定まらず、また普遍的なものではないからだ。過去、磨き丸太が高く売れると信じてそれに合ったスギを生産したが、育った頃には磨き丸太の価格は暴落状態という経験を持つ産地は少なくない。将来の需要は読めないのだ。

一方、工夫次第・情報次第で価値は生み出せる。極端な例を言えば、幹が曲がりくねった木は一般に価値ゼロと思われるが、一部の建築家の間では意匠材として高く取引されている。あるいは芯が黒く変色した柿の木はクロガキと呼ばれる希少な銘木で、一本数十万円の値がつくことも稀ではない。クロガキの木工品はそれこそ超高級品だ。その情報を知らずに、黒くなった醜い材と切り捨てて薪にしている例が少なくない。ようは加工と売り方次第で商品の価値は決まるのだ。その目利きが重要となる。

今そこにある資源を商品に

林業の世界は、プロダクトアウトであるべきだ。一般の市場ではマーケットイン、つまり消費者の欲しがるものを生産して提供すべきという経営論が強いのだが、林業など自然資源を対象にした場合には合わない。多くの人が欲しがる商品を見つけても量産は難しいからだ。太さ二〇センチのクロガキの丸太を一〇〇本集めようとしても不可能だ。無理して調達しようとすると、クロガキを探して大量の柿の木を切り倒し環境を破壊するか、染料を注入したようなニセモノの参入を招く。それよりも今そこにある資源（木材）に合わせて、世間が欲しがるもの、高価格で取引されるものを作り出していくべきなのだ。

平凡な丸太でも、それを斬新なデザインの家具に仕立てたら価格は数十倍になる。また新技術を活かすことも考えたい。現在は広葉樹材の価格が針葉樹材の数倍する。しかし広葉樹材は枯渇してきた。ならば化学的に針葉樹材を広葉樹材と似た材質にできれば、一気に価格を上げることが可能になる。実は、そうした技術も研究されている。

それは潜在的な需要を見つけ、一歩先を行く技術の導入と適したデザインや売り方を考案し、宣伝も含めて営業をしっかりして売っていく作業である。

吉野林業の場合、それを川中、川下が担っていた。端材から小さな木工品を生み出したり、細い丸太の新たな使い道を考案したりした。今の時代なら、誰が担当できるか。林業家が森づくりの知識と伐採搬出作業に加えて、商品開発に営業宣伝活動まで担う……それらを全部こなせる超人はまずいないだろう。となると、分担せざるを得ないが、これまでの日本の林業はそれが上手く機能しなかった。

利益を適正配分するシステムづくり

林業を活性化するには専門家（集団）が必要だ。山にある資源を見て、それを何に加工すれば高く売れるかを見極め、製造元や宣伝方法を見つけてつなぐコーディネーターである。

現代の日本では、木材流通がブツ切れになっているため、林業家は自らの山から出した木の使い道を知らず、加工業者もエンドユーザーもその木がどこから来て、どのように育てられたかも知らない。だから膨大なロスが発生している。

まず情報を共有するシステムが必要となる。川上から川下までが運命共同体になる仕掛けをつくらないといけない。誰か一人が利益を独占してしまうと長期的には機能しなくなる。これまでの木材流通がそうだった。

東京の工務店伊佐ホームズは、建材となる木材の買取価格を上げることが山にもっとも貢献すると知り、立木価格を二倍にする構想を掲げた。そこで木材流通にＩＣＴ（Information and

Communication Technology 情報通信技術）を導入して、無駄を省くことで収益をアップし、その分を山に還元するシステムを構築した。同時に山側にも適切な品質の木材を出荷する義務を課す。

問題は、各者の利益を適正配分する方法だ。さもないと素材を安く買いつけて高く売ることで、自分だけがもっとも儲かるという悪魔のささやきに捕らわれてしまう。

そこで伊佐ホームズは、山主から製材所、プレカット工場、そして工務店まで提携したメンバーに呼びかけて各々に出資させて一つの会社を立ち上げた。各者が株主となり情報の共有化を行ったのである。その会社が儲かれば自分の利益も増えるのだから情報の出し惜しみもしなくなる。誰かが利益を不当に多く取っているのではという疑心暗鬼もなくなる。その結果、山元の木材価格を一・五～二倍にしてみせたのである。

これは住宅建設に関わる木材の流れの一例であるが、より広く木材の使い道を考えて新たな流通を構築すべきだろう。針広混交林をつくり上げても、出された広葉樹材をチップにしてしまってはもったいない。家具など価格の高い木工品づくりを行うメーカーと結ぶ必要がある。そのうえで住宅とセットにした販売ができれば利益率も上げられるだろう。

北海道の中川町は、町内の天然林から広葉樹材を持続的に収穫する計画を立て、それを旭川市の家具メーカーに出荷するようにした。チップに比べて格段に高値で引き取られる。ほかにも宮崎県諸塚（もろつか）村や群馬県みなかみ町も家具メーカーと提携して地域内の広葉樹を出荷し始めた。これまで「低質資源」と呼ばれてきた広葉樹を高値に化けさせたのだ。

山側も、木材を高く買い上げてもらう代わりに森林を健全に育て、守る契約をしなければならない。たとえば森林認証制度を利用して第三者に森林の質を証明してもらったり、経営する森林を一般開放して森づくりの様子を公開して、世間に認めてもらうような努力が必要だろう。

川上側と川下側を結ぶ役割を担う人の知識や経験も問われる。私の会ったスイスのフォレスターは、森づくりや伐採搬出の指導にとどまらず、木材の販売先も斡旋する。森から出す一九種類の木を、それぞれ特性に合わせてこの木なら建材、この木は家具、窓枠に使える、薪にすればあそこが扱ってくれる……と利益が最大になるよう木材を販売していた。一方で環境教育や森林散策のガイド役も務める。これも仕事の一部なのだ。

さらに進んで、森林を墓地化（樹木葬墓地）して収益をあげるフォレスターもいた。その場合、埋葬の手続きや遺族への説明もフォレスターの担当だ。これだけ幅広い知識を持つフォレスターを養成する学校もある。

整理すると、経営の多角化、健全な森づくり、林産物をもっとも利益の出る商品に仕立てるプロダクツ。この三つを組み合わせることだ。そこに「希望の林業」が見える。

ただし多品種少量生産だから生産量や生産効率が下がると心配するかもしれない。それでよいのだ。日本は人口減と高齢化が進み、木材の需要も林業の働き手も減少する。だから生産量が縮小してもよい。追求するのはトータルの利益率の向上であり、受け取る利益の増大だ。森林の付加価値を高め、災害リスクを下げる。多角経営によって安定を図る。森林に関わる人々の生活が安定すれば、森づくりに労力を費やせる。それが健全な森づくりを行う最大の有効策である。

さて、私の描いた「希望の林業」と現在の林業との乖離を、いかに埋めるべきか。

おそらく各地に合った方法があるはずだ。それぞれの地域にそれぞれの土地の条件と経済的な事情があり、さまざまな人が森に向き合っている。だから各地の心ある林業家が自分なりの方法を模索するしかあるまい。

「こうすれば林業は希望になる」と画一的な手法を掲げた瞬間、それは陳腐化し形骸化する。もし「希望の林業」を構築するために行政が指導に乗り出して補助金をばらまいたら、希望は失望に変わり、絶望に包まれるだろう。行政のできる仕事は、さまざまな情報の収集と提供、関係各分野の人々を結びつけるコーディネイト、そして自分で考え自分で実行する人材の育成ではないか。

あとがき

三〇年近く森林と林業を取材してきた中で、見聞しつつ心に留めていた気持ちと事実を吐き出したのが本書である。

最近私がよく口にするのは「私は森林ジャーナリスト。林業ジャーナリストでも林業ライターでもない」だ。森林が好きだからこのニッチな分野を専門にしているが、森林とは動植物ほかの生物、土壌地質、水、気象などの自然に加え、文化、経済、政治など広範囲な分野を包含しており、林業はその中の一要素にすぎない。ただ日本の場合、林業が森林環境や人間社会に及ぼす影響は大きい。林業が健全に行われないと森林、そして日本社会もよくならないだろう。だから森林を語るために林業にも目を配っている。

言い換えると、森林をよくする林業は応援するが、森林をダメにする林業はさっさと退場してもらいたいと思う。森林を破壊しても存続すべき林業なんてない。いや森林を破壊することは人類の未来を破壊することではないか。そんな思いで本書を執筆した。

そして書き上げた今になって気づいたのは、ここに書いた林業の問題点は、日本社会のほかの多くの問題にも当てはまるのではないか、ということだ。ある意味、日本の林業は日本社会の縮図になっているのかもしれない……。

いつか、そうした中で生まれた絶望感を希望に変える日は来るだろうか。

二〇一九年六月

田中淳夫

主な参考文献

遠藤日雄（2013）『丸太価格の暴落はなぜ起こるか』全国林業改良普及協会
荻大陸（2009）『国産材はなぜ売れなかったのか』日本林業調査会
柿澤宏昭・山浦悠一ほか編（2018）『保持林業』築地書館
熊崎実（2018）『木のルネサンス』エネルギーフォーラム
清和研二（2013）『多種共存の森』築地書館
谷彌兵衞（2008）『近世吉野林業史』思文閣出版
藤森隆郎（2016）『林業がつくる日本の森林』築地書館
正木隆（2018）『森づくりの原理・原則』全国林業改良普及協会
村尾行一（1984）『山村のルネサンス』都市文化社
村尾行一（2013）『間違いだらけの日本林業』日本林業調査会
村尾行一（2017）『森林業』築地書館
アルフレート・メーラー（1984）『恒続林思想』都市文化社
ヨアヒム・ラートカウ（2013）『木材と文明』築地書館

インターネットサイト

森林・林業白書（平成29年度まで）林野庁
バイオマス白書（2018まで）バイオマス産業社会ネットワーク
ほか多数

※文中の写真は、クレジットの記載がないものはすべて田中淳夫による。

田中淳夫 タナカ・アツオ

1959年大阪生まれ。静岡大学農学部林学科を卒業後、出版社、新聞社等を経て、フリーの森林ジャーナリストに。森と人の関係をテーマに執筆活動を続けている。主な著作に『森林異変』『森と日本人の1500年』（ともに平凡社新書）、『樹木葬という選択』『鹿と日本人——野生との共生1000年の知恵』（ともに築地書館）、『森は怪しいワンダーランド』（新泉社）、『ゴルフ場に自然はあるか？ つくられた「里山」の真実』（ごきげんビジネス出版・電子書籍）ほか多数。

Email：QZB00524@nifty.ne.jp

絶望の林業

2019年8月17日　第1版第1刷発行
2023年3月25日　第1版第8刷発行

著者
田中淳夫

発行者
株式会社新泉社
東京都文京区湯島1-2-5　聖堂前ビル
TEL　03-5296-9620
FAX　03-5296-9621

印刷・製本
創栄図書印刷株式会社

ISBN 978-4-7877-1919-5　C0095

新泉社の本

『森は怪しいワンダーランド』

田中淳夫

小笠原の母島で謎のクレーター探検、ニューギニアの湖で怪獣探し、ソロモン諸島へ残留日本兵探し、小型カヌーで南洋の大海原を漂流、青木ヶ原樹海で遭った恐怖体験、生駒山で、すわ!遭難?など、川口浩探検隊(古い!)を彷彿とさせる田中淳夫の森での体験談の数々を収めました。その他、森林セラピーで血圧が上がる、パワースポットって何?など、森にまつわるエセ科学情報も痛快に笑い飛ばします。

森林ジャーナリスト田中が、森と関わり始めた原点から最近起こった話まで、全30編を収録。森オタク50年の田中ならではの「森の新しい楽しみ方」が満載です。読めば、森を見る目が一変する!

四六判/256頁/1600円+税